图解麦肯锡
结构化
战略思维

周国元 / 著

速溶综合研究所 / 绘

人民邮电出版社

北京

图书在版编目（CIP）数据

图解麦肯锡结构化战略思维 / 周国元著 ； 速溶综合研
究所绘 .-- 北京 ： 人民邮电出版社 ,2023.8
ISBN 978-7-115-61489-6

Ⅰ．①图… Ⅱ．①周… ②速… Ⅲ．①思维方法－图
解 Ⅳ．① B804-64

中国国家版本馆 CIP 数据核字（2023）第 064675 号

◆　　著　周国元
　　　绘　速溶综合研究所
　责任编辑　王铎霖
　责任印制　周昇亮

◆ 人民邮电出版社出版发行　　　　　北京市丰台区成寿寺路 11 号
　邮编 100164　　　电子邮件 315@ptpress.com.cn
　网址 https://www.ptpress.com.cn
　河北京平诚乾印刷有限公司印刷

◆ 开本：720×960　1/16
　印张：9　　　　　　　　　　2023 年 8 月第 1 版
　字数：160 千字　　　　　　　2023 年 8 月河北第 1 次印刷

定　　价：59.80 元

读者服务热线：（010）81055522 印装质量热线：（010）81055316
反盗版热线：（010）81055315
广告经营许可证：京东市监广登字 20170147 号

献给所有不安于现状，拒绝故步自封，勇于挑战常规，饥渴般好学又理性、乐观且入世的终身学习者。

序 言

疫情后职场人更加焦虑

因为从事高管导师职业的关系，我有幸深入中国先进企业的一线，在授课过程中与各层级的管理者和基层员工交流互动。在互动中，我感受到了职场人的焦虑，而且这种焦虑并不是空穴来风，一个原因是十分普遍的职场个人素质层面存在的断层，而大家也缺乏体系化地改变这种断层的方法和工具。

我经常听到企业领导抱怨手下"脑子不灵"：只会一门心思做事情，不能理解新环境、新挑战中的新问题；做事情也不走心，不去找事情的根本原因，不会举一反三，不会精进，更别说创造性地独立完成任务了。有些职场人在高阶商务场域做汇报时，抓不住关键，找不到重点，表达能力不达标，适应不了日益正规化的职场环境。

面临个人能力瓶颈的职场人绝非个例。究其原因，不难发现，传统教育主张的大多是传授专业技能类知识，各类专业课程考试都有唯一而标准的答案。学生只需要将书本知识死记硬背然后搬运组合，大多时候就能考试过关。经过传统教育洗礼的新生代职场人，面对高速易变、模糊而不确定的职场，才如梦初醒般地真切意识到，现实中的职场如此充满挑战和艰难！

焦虑的另外一个原因是，光靠单纯苦干就能成功的机会越来越少，而精细运营和创新成为争夺存量的必备能力，这将对职场人在思考、沟通和做事方面的要求提升到了新的高度。

更让大家焦虑的是科技的飞速进步将颠覆几乎所有传统行业。尤其近一年，随着人工智能（AI）科技的突飞猛进，以ChatGPT为代表的各种AI创作工具逐步进入我们的职场工作场域，对传统白领工作者产生了真切的冲击。截至2023年的5月，欧美白领中已经有50%的人在应用AI辅助工具来完成日常工作；在欧美的高校中，有更高比例的学生在用ChatGPT帮自己写作业。AI的高歌猛进跟之前的元宇宙（Metaverse）技术潮流的深刻不同在于它的进攻性：Metaverse能生成更多的应用场域，这也意味着出现更多的就业机会；而AI的崛起非但没有给人类带来就业机会，反而正在取代大量白领，蚕食新应用场景带来的就业机会。在AI的逼迫下，职场人若不进行自我升级，就会面临被取代的危险。

职场人缺乏AI的思考模型

ChatGPT类AI产品，无论背后的科技算法有多么不同，比如有规则基础（Rule-based）和以深度神经网络为基础的自主学习，其内核都建立在强逻辑和数据基础之上，也就是说这类AI产品与职场中应用的现代管理科学同宗同源。

ChatGPT在回答我们抛出的刁钻问题时，总会在短暂"思考"之后，用以"首先、其次和最后"表达的强逻辑进行回应，而每个观点都符合我在《麦肯锡结构化战略思维》中介绍的维度切分方法；每个观点又旁征博引了各种"定量"数据来进行佐证。

我试着用麦肯锡面试时的问题问ChatGPT，如"北京一年能销售多少金额的地毯"。AI会按照严谨的逻辑推演，从北京住宅总量，有地毯住宅的百分比，每个住宅地毯的面积占比，地毯更换周期以及均价等方面进行估算。虽然目前版本的ChatGPT给出的答案依然存在遗漏商用等场景的缺陷，但整体逻辑非常严谨，且善用以假设为前提的方法推导。

虽然萌芽期的ChatGPT时而像个一本正经地满嘴跑火车的大"忽悠"，但是它所应用的"套路"，即逻辑和数据，是现代管理科学的内核。而这两项反而是我们大多数职场人欠缺的关键技能。职场人要在未来驾驭AI，就需要学习以逻辑和数据为导向的理性决策，不断学习进而自我升级。如果思维和沟通不达标，职场人必将降级为被动的消费者，在即将到来的AI时代被残酷地边缘化。

焦虑低效状态

正如我在《麦肯锡结构化战略思维：如何想清楚、说明白、做到位》一书中所说，在VUCA 时代的压力下，很多职场人处于低效的亚健康状态，具体表现包括压力大、总在做事、信息超载、不集中和不聚焦的表现（Pressured, Action Addicted, Information Overload, Distracted，简称P.A.I.D）。

P就是压力大。在时间和资源有限的情况下，我们却要完成更多的任务。职场似乎是个严厉的老师，每天都布置各种不重样的作业，上司们总是"既要、又要、还要"。我们恨不得分身几处，才能给出永无止境的更好的答案。就这样，我们怕丧失机会时间窗口，所以总在做事。我们没有时间思考，总要尽快行动。然而目标不清晰，尤其是在重大决策面前，会给组织和个人带来不可逆的冲击。信息唾手可得却真假难辨，到处是信息"噪声"，信息超载让我们无所适从。我们经常处于不集中和不聚焦的状态；不停地查看手机，似乎几分钟不看就被整个世界遗忘，时刻处于一个什么都想做但什么也做不好的焦虑低效状态。那么我们如何在海量数据中筛选出真知灼见，也就是老板每天说的"抓重点""说关键"？

在目前劳务市场下行供大于求的状况下，低效P.A.I.D.状态蔓延。更令人担忧的是，许多职场人因找不到明确出路而产生焦虑甚至最终选择躺平，用不作为上演一场悲壮的职场行为艺术。

学习什么？解药在结构化的方法论

要对抗焦虑，我们需要跟高手学习。世界顶级战略咨询公司麦肯锡作为盛产跨界"大神"的神奇公司，无疑是学习对象的不二之选。从工作性质和要求上来看，"麦麸"[1]们做到了职场人无法想象的事情，那就是，每个项目都是一次"跨界"；而价格昂贵的战略项目的最终裁判，也就是客户，永远比战略咨询师对本行业更"懂"。

麦肯锡中的大多数战略咨询师都是没有固定行业归属和限定的通才（generalist）。对通才来说，负责的项

---

①在麦肯锡工作过的人对自己的戏称。

目可以来自不同的行业，比如第一个项目的客户是乳制品龙头，三个月后，下一个项目的客户很可能是互联网电商巨头。

每个项目持续2~3个月，费用动辄1000万元。而战略咨询师的任务是得到永远比自己更懂该行业的专家的认同，并为这群"外行"制定的战略规划买单。这是不是很神奇？而这凭借的并不是单次的运气，能让世界500强企业反复采购战略咨询项目，麦肯锡这样的龙头战略咨询公司一定有它独特的可持续的竞争力。

以麦肯锡为龙头的MBB战略咨询公司[①]内部应用的跨界法宝就是我总结的"想清楚，说明白和做到位"的结构化学习力体系。练就了这套方法论的职场人，在做事上，能快速学习并将知识技能融会贯通，具有超强的自律自控能力和适应能力；在做人上，能变得自信、坚定，拥有更强的人生方向感。他们对焦虑拥有强大的免疫力，同时还会用积极乐观且入世的人生态度感染并引领周边的人。职场人借鉴MBB战略咨询公司运用的结构化学习力体系，在短期内可以获得立竿见影的效果；长期磨炼也将提升个人整体能力，赢在职场。

结语

"结构化战略思维"并不是一朝一夕能掌握并精通的，我们要有对"成长之痛"的合理预期。本书为这一思维的学习提供了帮助，但要真正掌握这一思维，大家需要冲破思维的惯性，努力突破心理上的舒适区。

---

①指麦肯锡、贝恩咨询公司、波士顿咨询集团。——编者注

心理上的舒适区就是人们常年形成的固化思维方式和被思维方式决定的习惯、观念和行为等。每个人的知识背景、家庭、年龄、经历等都是营造舒适区的基石，各种因素相互作用共同形成了对自身能力边界的判断。舒适区会时刻提醒我们能做什么，不能做什么。在舒适区里面的事情，我们做起来就会觉得舒服、放松、稳定，能够掌控且很有安全感；反之，就会感到别扭、不舒服和不习惯。舒适区像引力的中心，不断将任何改变的尝试拉回我们熟悉的起点，以致画地为牢、作茧自缚。

许多麦肯锡前同事在聊到当初刚加入麦肯锡公司的经历，尤其是最开始的6个月时，"不适应""不理解""几乎放弃"甚至"怀疑人生"等词汇总是被高频率提及。我当年在麦肯锡的导师曾教导我：放下以前的知识（unlearn），敞开心扉去学习结构化战略思维技能。我也是经过了6个月左右才逐渐适应这一点的。

在这6个月中，我甚至想过放弃。当度过了学习初期的爬坡期后，我才渐入佳境，后来又有了成长之明证的感悟。

这本书的内容源于我的企业高管培训讲义，并使用漫画形式对其进行了调整，使之更适合大众阅读和吸收。希望这种新的形式能帮助好学的职场人在思维和表达层面完成从平凡到优秀的提升，并为下一步从优秀到卓越的飞跃做好准备。

让我们开始学习之旅！

目 录

第 3 章 ▶ 麦肯锡告诉我的四大原则

第 4 章 ▶ 从逻辑思考到真正解决问题
——新麦肯锡五步法

第 1 章

用麦肯锡结构化战略思维，
做高效决策者

麦肯锡是世界知名的战略咨询公司，是一家专门为大型企业解决各种至难商业问题的智囊公司。由于麦肯锡服务的公司不限行业，战略咨询项目涉及的领域又十分广泛，因此几乎不可能要求每个咨询师都在专业知识上做到充分储备。对于咨询师来说，每个项目都是一次短期而高强度的跨界。

麦肯锡不像绝大多数咨询公司那样把团队按照专业背景分类，并让咨询师聚焦某领域，以培养出行业专家；相反，麦肯锡几十年如一日地反复在做一件事：**体系化地培养和提升每个咨询师的学习能力和解决问题的能力，把他们培养成能快速适应各种项目、以一当十的"通才"。**

按照"不确定是焦虑诱因之一"的简单逻辑，像麦肯锡这样把"'不确定'可以说是唯一的'确定'"作为常态的公司，理应是"焦虑"的重灾区。然而，在项目中，麦肯锡的团队成员呈现了与"焦虑"截然不同的健康状态：在各种压力下，不仅焦虑无处可寻，训练有素的咨询师们更是信心满满地高效工

作着，有条不紊地成功解决着各类最具挑战的商业难题。而且，麦肯锡毕业生也成了斜杠大神[①]扎堆的群体。由此可见，**麦肯锡的学习方法不但在短期项目上有效，而且能让人终生获益。**

麦肯锡持续把不可能变成可能的秘密武器是什么？

团队成员如何快速学习并在短期内完成跨界并达到引领行业专家制定战略方针的专业水平？

其制胜的要素有很多，包括人才筛选、品牌、公司管理和企业文化等，而麦肯锡在其内部推行的"**结构化战略思维**"和其应用方法无疑是成功的核心法宝，也是本书讲述的重点。

---

①斜杠指不满足于从事单一职业，追求拥有多重身份标签的生活方式；大神是网络用语，指神一般的人物，他们通常在相应的领域具有很强的能力。

麦肯锡结构化战略思维是一种学习如何学习的认知方法，是批判性思维的一种存在形态，也是一套以数字和逻辑为基础的理性科学方法论和实用方法："结构化"是方法手段，而"战略"是问题属性和高度。面对至难的企业战略问题时，麦肯锡典型的由 3 ~ 5 人构成的项目组，会用 8 ~ 10 周的时间，按照新麦肯锡五步法全流程，并贯彻四大原则，最终成功解决此战略问题（见图 1-1）。

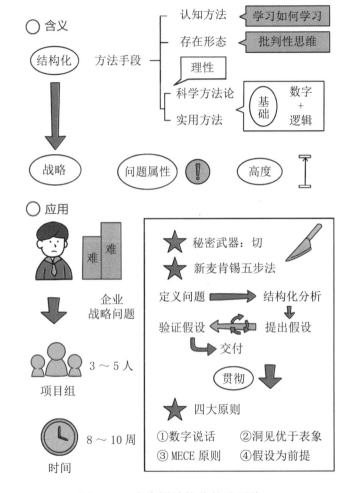

图 1-1　麦肯锡结构化战略思维

第 2 章

结构化战略思维的秘密武器
——"切"

2.1

从思维开始教你如何"切"得干净

· "切"是结构化拆分的通俗叫法

· 结构化拆分最终呈现形式是树状逻辑结构

"切"是结构化拆分的通俗叫法，是结构化战略思维的基本功。**结构化拆分是指自上而下分析问题时，把问题逐层分解成更细节的部分，每次分解都遵循MECE原则①。结构化拆分的最终呈现形式往往是树状的逻辑结构。**

如图 2-1 所示，自下而上指学习知识的过程是厚积薄发的线性过程，学习者把所有底层细节（"下"）知识点都掌握了再提炼对问题整体（"上"）的理解，学全学透后才能表达观点。

而自上而下的学习者不会因缺乏相关的专业知识和经验而纠结，往往直接从问题整体（"上"）着手，仔细推敲问题本身的定义和准确性，用结构化战略思维"切"的方法分解问题，并用严谨的逻辑全面地提出假设，而后或通过对数据的采集与分析证实假设，或推翻旧假设并建立新假设（"下"），如此循环而深入地验证假设，不断探究深"挖"问题核心，以获取问题的最终解决方案。

结构化拆分给问题分析带来了明确的结构和顺序，在一定程度上遏制了人们面对问题时产生的要马上解决的冲动。

①结构化战略思维四大原则之一，详细介绍见P11。

在重大问题面前，如果人们缺乏结构化拆分能力，在讨论和决策中往往会在各种毫无联系的单点思绪之间跳跃。这样不仅浪费时间，而且不能保证最终决策的质量。

结构化拆分是后天培养出来的思维习惯，需要我们有意识地主动调用。

获得结构化拆分能力的过程不是一蹴而就的，需要逐步深入。下面，我们从最简单的名词切分开始，探究一下"切"的定律和功用。

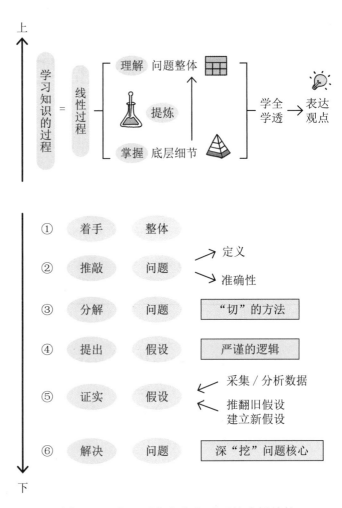

图 2-1　自下而上和自上而下的分析结构

切分名词是最容易理解的，也是人们最擅长的。名词的子目录分类是人们从小就被反复强化的必学内容。

让我们打开记忆的大门，重温小学语文课堂的场景。

语文老师在黑板上一撇一捺地写下"人"字后，会和蔼可亲地问："人有几种划分方法？"（见图2-2）

这个练习其实是从不同维度来切分"人"这个品类。切分"人有几种划分方法"这个问题的利器就是老师反复强调的"性别""职业"等标准，这些在结构化战略思维中被统称为"维度"。

任何常用的名词品类，都可以用多个维度来划分下一层的子分类。

图2-2 从不同维度切分"人"

以"人"这个品类为例，常用的维度就十分丰富：地域（如北方人）、国籍（如中国人）、性别（如女人）、年龄（如中年人）、年代（如古人）、财富（如富人）、身高（如巨人）、道德品质（如好人）、颜值（如美人）和学历（如大学毕业生）等。总而言之，每个描述"人"的形容词都可能成为划分的维度。

如果按照是否掌握了结构化战略思维能力来划分，世界上的人可以被分为两种："思辨者"和"吃瓜群众"（见图2-3）。

在日常生活中，很多形容人的词汇其实是多个维度的组合，比如"留学生"是国籍和身份两个维度的组合。

图 2-3　用多个维度来划分下一层的子分类

2.2

MECE 原则，"切"得干脆

· 在切分名词时要运用"切"的基本规则
· 满足"具体可衡量"的客观标准

在切分名词时，人们会有意无意地运用"切"的基本规则——MECE 原则。

 MECE 是英文 "Mutually Exclusive, Collectively Exhaustive" 的简写。MECE 原则即结构化切分后的内容要达到如下要求。

（1）子分类相互独立无重叠；

（2）子分类加起来穷尽全部可能。

这个原则虽然看起来可能有些高深和晦涩，但是其核心理念并不难理解，人们很多时候都在无意识地应用这个原则。

我们在进行常用的名词切分时，会自然地遵循这两条基本原则，任何违背习惯的分类我们都会察觉到其中的不妥。

比如，以"性别"来切分人类，人可以被分为男人和女人两类，这种分类方法就符合 MECE 原则（见图 2-4）。

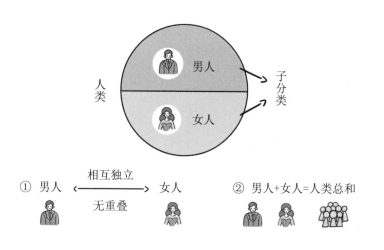

图2-4 MECE原则

辑角度来看，按"性别"把人类切分为男人和女人是符合第一条"子分类相互独立无重叠"的要求的。

这种分类也符合第二条要求——男人加上女人应该是人类的总和，也就是两个子分类在一起穷尽了人类以性别维度来切分的全部可能性，除了男人和女人没有第三种性别。如果有同学说"人分为农民和女人"，那么老师就会指出这一表述存在错误，因为它同时违背了MECE的两条要求。

子分类"男人"和"女人"相互之间在逻辑上是相互独立无重叠的。

也就是说，每个人不是男人就是女人，一个人不能既是男人又是女人。

此处暂且不卷入社会上多元化的争议话题，从传统观点和逻

违反第一条要求是因为农民和女人不是独立无重叠的，农民包括女农民，其性别是女；女人也包含职业是农民的人。同时，这种分类也违反了第二条要求，农民和女人加起来并不是人类的全部，比如"男老师"就不在农民和女人的集合中（见图2-5）。

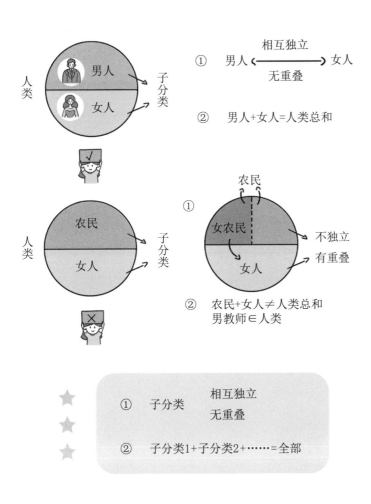

图2-5　相互独立无重叠

MECE 不仅是切分名词的规则，也是问题逻辑切分的关键。后文在着重讲述切分问题时会进一步探讨。

使用 MECE 原则时，尤其在商业战略问题的讨论中，衡量的维度要满足"具体可衡量"的客观标准。如果缺乏量化客观标准，那么虽然切分结果也同时满足 MECE 的两项要求，但是每次对子品类具体个体归属进行判断时，我们都会面临模棱两可的窘境。

例如，如果以"好和坏"的道德标准为划分维度，那么划分时在"具体可衡量"层面就十分具有挑战性了。

结构化战略思维十分强调科学精准划分，杜绝简单粗线条的划分。要把"好"和"坏"用明确数据标准做区分，给每个判断以充足、具体又可衡量的指

13

引，这并不是一蹴而就的容易事。

例如，我们判断一个人是好人还是坏人，首先要明确以哪套道德标准为基础。世界上存在很多道德标准，甚至有些道德标准相互矛盾。统一道德标准背景后，我们还要把具体的行为标准提炼出来。

社交网络上或商业谈判中经常存在一些奇怪的现象：交流时，双方虽然在陈述一模一样的观点，但每次都还是争论得面红耳赤，反复强调希望对方做"正确"的事。

产生这种争论的更深层次的原因在于，双方对基本的"好与坏""对与错""公正和不公正"的切分维度没有一致的具体可衡量的标准，于是陷入鸡同鸭讲的窘境。

2.3 四大方法教你"切"问题

· 公式法、子目录列举法、流程法和逻辑框架法
· 结构化"切"的高要求是遵循"3-3原则"

大多数人对"切"名词驾轻就熟，对"切"问题容易不适应，需要大量练习。"切"问题主要有4种方法：**公式法、子目录列举法、流程法和逻辑框架法**。公式法是利用已有的商业运算公式进行切分，比如总价等于单价乘以数量。子目录列举法最为常用，切分名词的列举大多采用这种方法。流程法是按照流程来细分问题，比如产品流程基本由研发、生产、销售和服务等环节构成。逻辑框架法是利用约定俗成的逻辑，比如内与外、主观与客观等来进行切分。

用实例来演练一下如何利用这4种方法"切"问题。

企业家每天都在苦思冥想"钱"的问题："企业如何能赚更多钱？"用工商管理的术语体系来说就是"如何提高企业净利"。为便于讨论，这里假设公司属于相对传统的制造业，例如纺织业（见图2-6）。

在不了解制造行业大背景和企业具体情况时，大多数人面对提高净利的问题会感到被动和茫然，无从下手。缺少结构化战略思维的人会因为专业知识的缺失而交白卷，"不熟悉、不了解"理所当然地成了进一步讨论或思考的绊脚石。崇尚真才实学而抵制"忽悠"的"本分人"似乎应该如实回答"这个行业我不懂"，讨论还没开始就戛然而止。

① 不了解行业大背景和企业具体情况

② 缺少结构化战略思维

③ "本分人"（√真才实学 × "忽悠"）

图2-6　如何提高企业净利

如前所述，回答这个问题有可复制的"简单按钮"。掌握结构化战略思维的思辨者不会以"不懂"为借口拒绝思考，他们总是试图分解问题，运用放之四海而皆准的方法逐渐深化"切"好问题，想方设法让讨论继续。看看如何用"切"问题的4种方法自上而下地将问题逐层进行战略问题的拆解，并展开有结构、有意义的深入讨论。

🔍 2.3.1
公式法和子目录列举法

任何与净利有关的问题，都能以"开源节流"为讨论的起点。倾听企业主"如何提高企业净利"的问题后，我们完全可以套用公式法背诵出经典金句："解决净利问题，无非是从两个层面入手，一是开源，二是节流！""开源节流"是解决净利问题的公理，它源于经典工商管理领域利润的计算公式：

$$利润 = 收入 - 成本$$

在这个公式里，要提升等号左边的利润无非有两种方法：要么在成本不变的情况下增加收入（开源），要么在收入不变的情况下降低成本（节流）[1]。公式法完全符合MECE原则。

如图 2-7 所示，提高净利的问题被分为两个符合 MECE 原则的支脉：增加收入和降低成本。这构成了第一层的问题分解。只"切"到第一层的"开源"和"节流"就停滞不前是远远不够的。

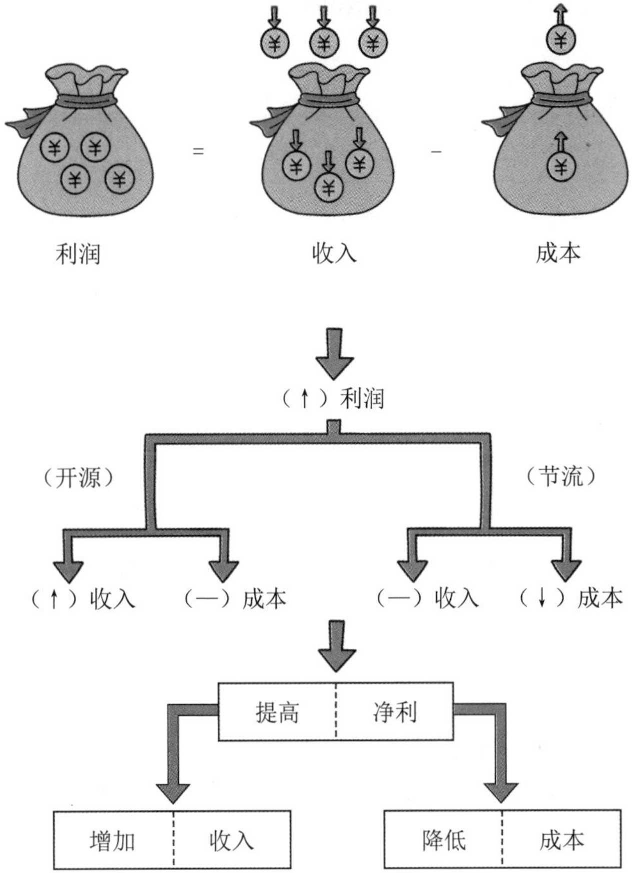

---

①收入和成本非比例增减而致利润变化的原理跟开源节流相似，此处不单独讨论。

图2-7　"切"的第一层

这里的第 层是指在逻辑树的结构中距离问题最近的一次分解，这时，问题被细化成"开源"和"节流"两个节点。**沿着每个节点再次对节点进行分解会构成切分的第二层。思辨者"切"问题的基本要求是"切"到第二层才及格，拆分到第三层是比较常规的切分深度**（见图2-8）。

从第一层的两个分支点，我们开始进行第二层分解。先看"增加收入"这个支脉，销售收入的计算又可借用以下公式：

销售收入 = 单价 × 销售数量

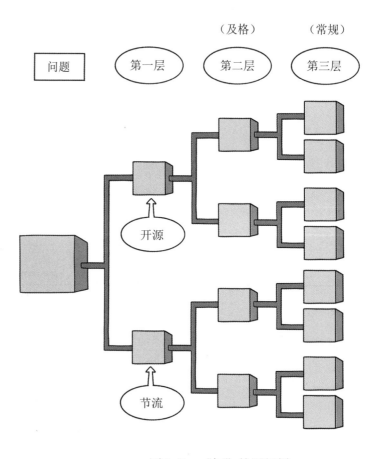

图2-8 "切"的逻辑树

从"开源"的角度看，这个支脉可再次分为"增加销售数量"和"提升产品单价"。正如"开源节流"一样，销售数量和产品单价也是符合MECE原则的公式法规则。销售数量和产品单价"相互独立无重叠"，相乘就是"销售收入"的全部，也就是"销售收入"的定义。相乘和相加很相似，在一方相对不变的情况下，另一方的增加会促进销售收入的增加。"开源"（增加收入）的问题支脉被进一步分为两个符合MECE原则的第二层细节，第二层分解完成了（见图2-9）。

再沿着第二个支脉"增加销售数量"，借助经典的**子目录列举法**，用法已在"切"名词时讲解过，就可以运用 MECE 原则穷尽列举子目录项。销售数量的增加有哪几个核心贡献因素？根据经典 4P 营销理论[①]，销售数量的

① 经典 4P 营销理论包括产品（Product）、价格（Price）、渠道（Place）、推广（Promotion）。取其开头字母。

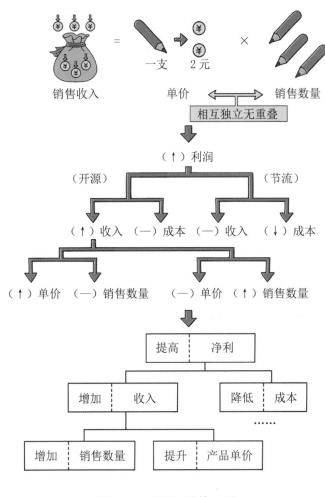

图2-9 "切"的第二层

提升因素除了价格还有产品、渠道和推广三
大因素。4P营销理论也符合MECE原则，产品、
价格、渠道和推广加起来是营销的全部组成
部分，并且相互独立无重叠。这样就套用了
经典理论完成了"增加销售数量"支脉在第
三层深度的分解（见图2-10）。

把问题分解到第三层时，完全可以利用该逻
辑框架自信地跟企业主来互动访谈，以便收
集公司目前运营状况的细节信息。这时，访
谈者如果自身对营销基础常识有认知，对话
就会具有强相关性，甚至可以碰撞出商业洞
见。按照4P营销理论的逻辑，我们可以体系
化地询问公司运作相关的细节问题。由于是
基于高质量逻辑框架的输入，对话大多会赢
得企业高管的信任，因此我们会得到高质量
的一手信息。

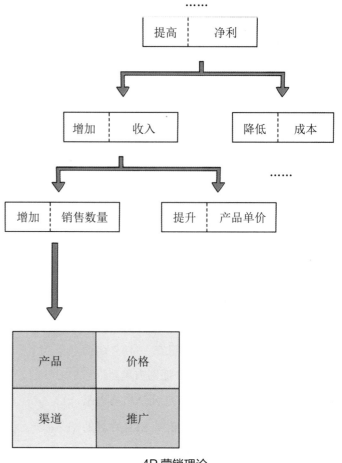

4P 营销理论

图2-10 "切"的第三层

可以询问以下问题。

> ·对比竞品，我们产品本身差异性如何？哪些是消费者感知到且愿意溢价购买的？
>
> ·公司现在的渠道采用的是直营还是代理？如果是代理，有几级代理？销售状况如何？
>
> ·公司现在的促销手段有哪些？跟竞争对手有何不同？
>
> ·本行业在产品、渠道和促销等方面有何趋势？目前效果如何？

穷尽了"增加销售数量"这个支脉之后，再沿着"提升产品单价"这个支脉同样运用子目录列举法"切"到下一层的细节。

这里"提升产品单价"并不是指企业单方向的提价动作。不以价值为基础的单纯提价势必会遭到消费者的反感和抵制，不会增加收入。这里"提升产品单价"是指增加客户对产品的感知价值，也就是扩大消费者愿意为产品买单的价格区间。管理理论对感知价值也有相应的阐述：**影响感知价值的因素包括品牌、原材料、包装和科技含量等。**

此时，同样在第三层细节，我们可以沿着"提升产品单价"的思路跟对方企业高管再进行一轮关于产品单价的探讨。

> ·公司主流产品的品牌如何？跟竞争对手有何区别？是否容易提升？
>
> ·产品的原材料是否有特色？跟竞争对手的相对位置如何？
>
> ·产品包装跟竞品的区别大吗？消费者是

否会为更好的包装买单？

· 产品的科技含量高吗？技术是不是本类产品的一个壁垒？趋势如何？

随着问题的逐步分解和分析的深入，越来越多的业务细节会浮出水面。当我们把"开源"的两个支脉的再下一层（第三层细节）都探讨完后，就可以离开"开源"这个支脉，开始深"挖"下一个支脉——"节流"了。"节流"也就是降低成本，我们依旧可以借助子目录列举法列举所有可能性。按照管理理论，**成本无非分为固定成本和可变成本**，这是第二层的分解。

固定成本是已经不可逆或不可收回的沉没成本，比如已经建成的厂房和生产线。在讨论成本节约时，我们往往更聚焦可变成本的优化提升空间。 按此

逻辑，"节流"支脉的第二层聚焦在"切"可变成本。用子目录列举法可将可变成本切分为**人力成本、原材料成本、研发成本、市场成本等**。接下来，按照此结构继续进行切分。

· 公司的主要生产成本集中在人力、原材料还是其他方面？

· 生产规模化和自动化会不会大幅度降低生产成本？

· 人力成本占整体成本的比例，有没有改进空间？

分解"如何提高企业净利"的问题时，我们主要利用公式法和子目录列举法勾勒了相对普适的逻辑拆分框架，把问题"切"到第三层细节或更深。有了这个体系严谨的讨论结构框架，外加对方自身商业

基础知识的积累，在与对方业务高管做深入探讨的时候，我们大概率会得到对方详细的信息输入，这为后续分析问题奠定了良好基础。

2.3.2
流程法和逻辑框架法

流程法和逻辑框架法也是在实战中经常用到的"切"的方法。流程法，顾名思义就是把问题按照某种流程步骤串起来。逻辑框架法是按照逻辑叙述常见的粗线条判断框架，比如内部vs外部、主观vs客观、优点vs缺点等对问题进行初步切分。

依旧用"如何提高企业净利"这个问题示范流程法和逻辑框架法这两种方法的具体应用。

先看流程法。流程法往往被应用在存在线性发展或生命周期的品类上。以"公司发展"为例，我们可以在"开源节流"切分之前，先了解公司发展状态，同时输出自己对企业管理周期的认识，并加以对比。

在深入探讨"如何提高企业净利"问题之前，我们可以先做如下说明。

"提高净利的侧重点根据公司所处发展阶段不同而略有变化。比如初创企业通过单点的营销策划和渠道拓展往往可以快速提升收入，而成熟企业的解决方案则复杂得多，成熟企业更注重长期的产品差异和成本控制的系统化解法。"

再用流程法列出企业成长的S曲线的4个阶段，对号入座（见图2-11）。

这样，流程法就构成了第一层"切"的主线。按照前面三层深"挖"的要求，可以组合用其他"切"的方法进一步向下细分。在4个第一层划分（研发、生产、市场和销售以及售后服务）选项中，市场和销售更接近"开源"，而其他三项偏向"节流"。

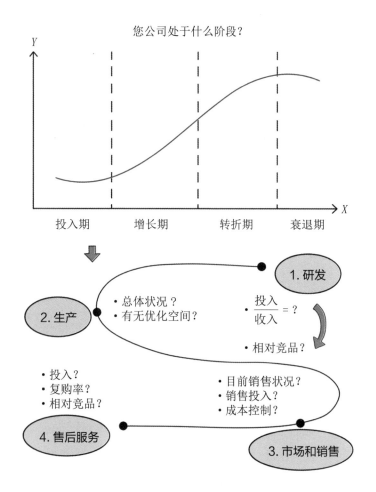

您公司处于什么阶段？

图2-11　企业成长的S曲线的4个阶段

以研发为例，研发投入用子目录列举法可以分为研发人员人力成本、材料费、设备采购 / 折旧费以及外包费用。如果公司的研发投入偏高又没有相匹配的产出，那么我们就可以在研发的子目录里面探究"节流"的机会。

再以市场和销售为例来深"挖"一下。用子目录列举法可将市场和销售切分为广告管理、销售渠道管理、促销政策管理和销售人员管理等。"挖"到了第二层后，关键品类需要再向下细分。比如"切"广告管理，用逻辑法可将之分为内部和外部（第三层）。内部有站内资源、官方媒体、社群社区等。外部有不同的广告渠道，如广告联盟 /DSP 平台、搜索引擎、微信等自媒体以及媒体平台等（第四层）（见图 2-12）。

用不同维度"切"问题，会带来对问题本身连同潜在解法的更深刻、更全面的认识和理解。

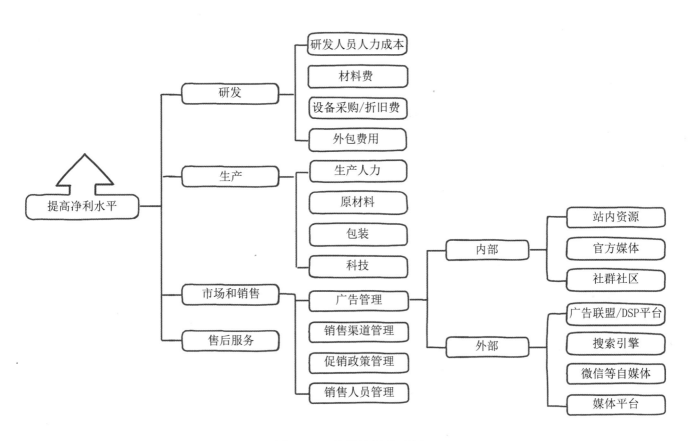

图2-12　流程法切分示例

结构化"切"的高要求是遵循"3-3 原则",即面对任何问题,都能用维度准确"切"分,然后再纵向深入"挖"到至少第三层细节;完成一次完整分解之后,能跳出已有的逻辑框架从全新的维度再做两次或以上类似的"切"和"挖"的练习,总共建造 3 个或以上不同的逻辑树,每个逻辑树都有至少三层细节。

2.4 多维图谱——分清项目优先级

· 多维图谱分析优势明显
· 多维图谱分析应用场景广泛

如何从单一维度到多维度进行飞跃，让逻辑思维真正立体起来？在大多数时间里，我们都陶醉在单一维度的思考模式中。随便调出几份常见的工作报告，留意一下报告中的图表类型，我们不难发现这些报告大抵如此：图表除了线图就是饼图、柱状图，能有流程图已经堪称惊艳，更不用说那些连图表都没有，满篇都是直接粘贴过来的 Excel 原始数据表格的业务报告。

这些简单的线图、饼图、柱状图和流程图都是单一维度思考的图谱呈现。它们虽然有一定的视觉展示效果，比如凸显趋势和比例等，但是从逻辑思考的深度来说，这类图表是相对初级的。思辨者要展示思考的广度和深度，必须实现从单一维度到多维度思考和沟通的飞跃，学会制作多维图谱。

那么，什么是多维度思考？多维图谱又是什么？

以工作中常见的场景为例，新季度即将开始，公司直接领导要求你对部门下季度的所有项目进行 30 分钟的汇总汇报。由于项目类型比较杂，而且数目较多，领导要求汇报聚焦重点项目，同时对那些将要弱化或将不予继续支持的项目，我们也要给出处理的判断并附上简短理由。

主流的做法是把所有的项目按照一定结构用 Excel

表格记录，要素包括名称、类型、起始日期、投入、潜在收入、重要级别、RACI 等内容，一般还会有密密麻麻的项目备注。

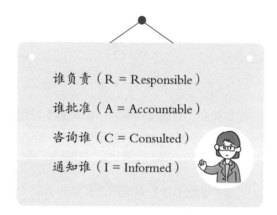

谁负责（R = Responsible）

谁批准（A = Accountable）

咨询谁（C = Consulted）

通知谁（I = Informed）

汇报形式也有套路。会议开始，寒暄几句之后，打开投影仪一行行地过 Excel 细节。这种开场就关灯过 Excel 的会议多数都非常低效：会议时长从 30 分钟变成几小时，单次会议也变成系列会议。大家沉溺于项目细节不能自拔，似乎所有项目都要做，而没有一个项目能做到极致。由于缺乏判断项目重要性和优先级的标准，会议显得混乱而没有章

法，大多数讨论最终沦为"有理就在声高"的气场和声量的对决。

结构化战略思维要求大家先对项目的优先级做出判断并达成一致，从根本上改变这种无序的状况。 后文要详细介绍的麦肯锡五步法也强调在谈论项目细节（怎么做）之前，团队必须想清楚"为什么做"的问题（见图2-13）。

下季度项目汇报

最重要的核心业务	为未来布局的可能赔钱的业务
模棱两可的鸡肋项目（仔细考量）	历史遗留问题（早应砍掉）

首先判断项目优先级，清楚"为什么做"的问题。

图2-13　判断项目优先级

究竟如何判断项目优先级？这时就要用到多维度"切"的功夫！这是个典型的"切"名词的练习。

"切"项目的维度包括项目规模（收入／投入）、项目业务类型、项目战略重要性、项目执行难度、项目周期、项目负责部门、项目频率和有无外部参与等。在众多维度里，我们需要找到两个跟项目优先级最相关的维度或属性，而其组合可以定义项目优先级。

项目优先级分析图谱的一种二维度画法如图2-14所示。

该项目优先级多维图谱（基础版）由两个坐标轴切分组成（几乎所有多维图谱都是从两个坐标轴开始的）：横轴代表"战略重要性"，越靠右，表明战略性越强；纵轴代表"执行难度"，越靠上，表明执行难度越高。在每个轴的中部画一条逻辑上的分隔线，这样就

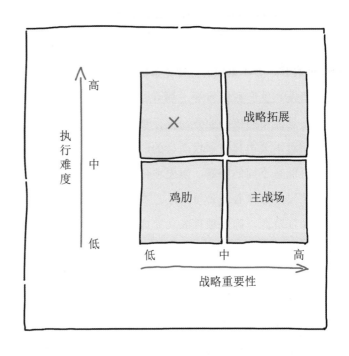

图2-14　多维图谱：项目优先级分析（基础版）

出现了四个小区域，又称象限。每个象限都是两个核心维度不同值域的组合，用来归纳项目特色。为了便于记忆并在讨论中引述，我们可以根据维度特性给每个象限起个生动而接地气的名字。

主战场：战略重要性高而执行难度低。这些项目往往与公司现有战略的核心一致，而且公司多年累积的各种竞争优势，比如研发、生产和销售等，都可以直接应用，是公司的核心业务。执行难度较低是相对本公司其他项目而言的，竞品公司可能有不同的判断。如果项目落在这个象限，意味着是公司立足之本，公司要保证资源，确保项目成功完成（见图2-15）。

战略拓展：战略重要性高且执行难度高。这些项目常常代表公司未来发展方向，公司要进行战略布局。项目很可能跟公司本身的核心能力有偏差而导致执行难度偏高。比如一家一直对消费者（to C）服务的公司，在转战云服务等对公（to B）服务的时候，内部要相应做很多调整。如果项目落在这个象限，意味着公司管理层要做个判断：是否破

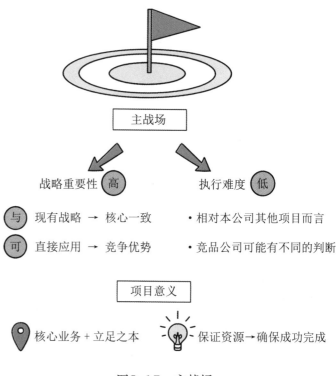

图2-15 主战场

釜沉舟布局甚至允许初期亏损；要衡量拓展项目与主战场的关系，尤其是在资源有限的情况下，需平衡长期战略和短期获利（见图2-16）。

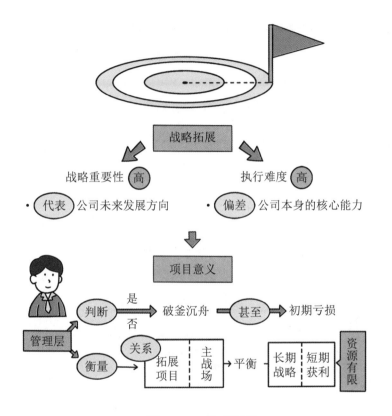

图2-16　战略拓展

鸡肋：战略重要性低且执行难度低。这些项目虽然跟公司战略布局完全不一致，但由于执行难度低，如果利润空间还比较大，那么也是值得重点讨论的。比如，大型家电制造业的企业有机会做房地产开发项目。鸡肋项目的构成比较复杂，"食之无味，弃之可惜"，需要讨论和权衡。对大型成熟企业来说，为获得一次性的非主营业务的短期利润而投入相当多的资源，很有可能会分散精力甚至影响主营业务的发展（见图2-17）。

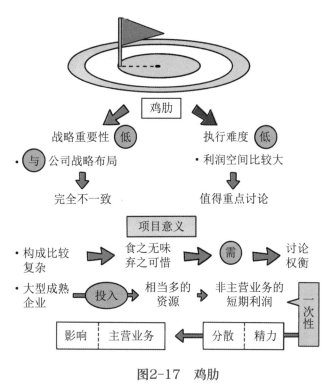

图2-17　鸡肋

×（**必须砍掉的项目**）：战略重要性低而执行难度高。这些项目被砍的原因毋庸置疑。工作中经常会碰到类似"吃力不讨好"的项目，这些项目苟延残喘的原因也多种多样，有时是历史遗留问题，项目前景堪忧但往往由于前期投入大而难以被割舍；有

时是公司战略方向变化导致项目适用性降低；有时甚至是需求端的改变导致项目的意义不复存在。总之，如果项目落在这个象限，原则上，没开始的项目坚决不能开始，已经开始的项目要认真考虑如何止损（见图2-18）。

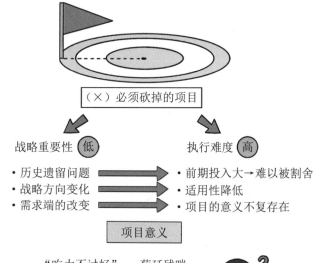

图2-18　必须砍掉的项目

这样分析过后，多维图谱分析的优势十分明显。两个维度叠加充分显示了思考的深度和专业性已远超那些只会单维度思考的小伙伴。貌似简单的一个图谱，利用"战略重要性"和"执行难度"两个维度把所有项目"切"成四个基础类型，并且为每个类型推导出相对容易理解的可实施的策略。一个项目一旦被确认属于某一类型，统一语境后相对应的战略方向和原则便一目了然，因而节约了大量的沟通成本。

其实，这个多维图谱还可以进一步提升和精进。我们发现，在讨论项目的时候，另外一个核心的决策因素是潜在净利的多少，然而这个因素并没有被包含在二维图谱里。净利的多少直接影响对项目优先级的评估。比如，对现金流压力大的中小企业来说，如果项目可预见的净利可观，就算是跟战略方向相反的"鸡肋"项目也还是会优先考虑实施，在"现金流为王道"的资本寒冬大环境下尤其如此。

如何把潜在净利加入图谱？我们可以尝试用图形展示这个数值。在项目优先级分析图谱的增强版中，用大小不同的圆形来代表项目潜在净利，而圆心位置则体现项目在战略重要性和执行难度方面的估值。用这一方法，我们可以把ABCD四个项目在多维图谱中进行信息和视觉上的增强（见图2-19）。

在战略图谱三维版的引导下，团队可以进行更深入的项目优先级的讨论。战略拓展项目 A 和主战场项目 B 基本不用太多争论，是必须做的。必须砍掉的项目 D 如果没开始就要直接砍掉了，因为它战略重要性低又难做且净利少，公司没有理由为此浪费时间和资源。讨论的焦点自然会放在鸡肋项目 C 上，因为此项目虽然与战略方向不一致，但潜在净利巨大，团队应该仔细梳理项目细节，并根据公司实际情况和所处阶段进行深入讨论后做出决策。

不难发现，如此进行的讨论一改之前"有理就在声高"的混乱局面，具有结构清晰、语境统一、数字说话等优势，会显著提升会议效率。

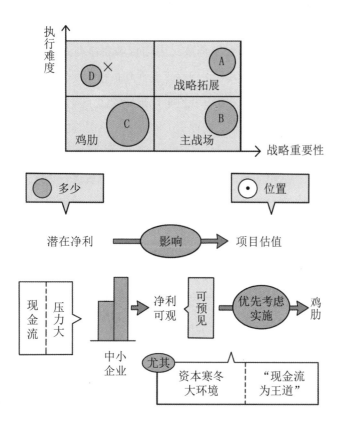

图2-19 多维图谱：项目优先级分析（增强版）

多维图谱分析作为结构化思维框架的一种视觉展现，其应用的场景极为广泛。我们也可以尝试用它来分析生活中常见的问题。下面举个生活中常见的趣味性较强的例子，看看多维度深度思考在解决常见问题时如何带来不一样的视角。

我们用多维图谱来分析"如何择偶"这个亘古不变的八卦谈资。择偶标准真可谓"仁者见仁，智者见智"。对于一个适龄的窈窕淑女来说，择偶时男性到底应该满足什么标准？面对众多追求者，在时间和精力有限的情况下，用什么样的标准做初步筛选？哪些重点培养感情，哪些应该顺其自然，又有哪些需要敬而远之？

作为拥有结构化战略思维的思辨者，要拒绝快速思考的冲动，我们不能直接聊那些有血有肉的八卦或亲身经历，而是先要强迫自己从全局高度多维度地分解这个择偶问题。正如已经重复多次的问题分解流程，多维度分析总是起始于众多可选维度。那么我们就以女性择偶角度，来"切"一下男性这个群体。

"切"男性的维度数不胜数，包括才艺、财富、工作、地域、年龄、职业等。我们可以挑两个特色维度作为 X 轴和 Y 轴，做一个幽默版择偶指南：X 轴是财富，而 Y 轴是为女方花钱的意愿。①

所有适龄且性取向正常的男性，按照财富的多少和为女方花钱的意愿的强弱分成四个象限（见图 2-20）。

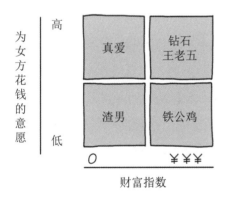

图2-20 幽默版择偶指南

---

① 此处仅为举例，以详细说明操作方法，并不代表作者认同这一观点。

有钱且愿意给女方花的，是理想的"钻石王老五"；有钱但特别吝啬的，是典型的"铁公鸡"；没钱但有胆量借钱给女方花的，在爱情和勇气上都加分，可被称为"真爱"；没钱又吝啬的，是网络上人们形容的某类"渣男"，要趁早远离。

还有几个维度可以组合，比如颜值、性格和学历等，不同的排列组合会给择偶标准带来意想不到的幽默效果和启示（见图 2-21）。

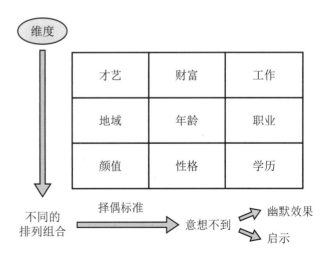

图2-21 以女性择偶角度来"切"男性群体

大家可以作为练习试着画一下，也可以更加精进，再加上可量化的第三维度（可参考"项目优先级分析图谱"里的净利）。

虽然是个幽默版的案例，但是这个多维图谱确实有助于生成通俗易懂且相对稳定的分类和对待每种分类的战略或对策。每个男性候选人被放在第几象限、应该怎么被对待就一目了然，节约了女性大量的决策时间和择偶成本。还有管理者把员工按照"聪明／愚蠢"和"勤快／懒惰"两个维度分成四类，告诫大家愚蠢而懒惰并不可怕，最危险的是愚蠢而勤快的下属。这也是令人深思的另类管理洞见。

本 章 知 识 点

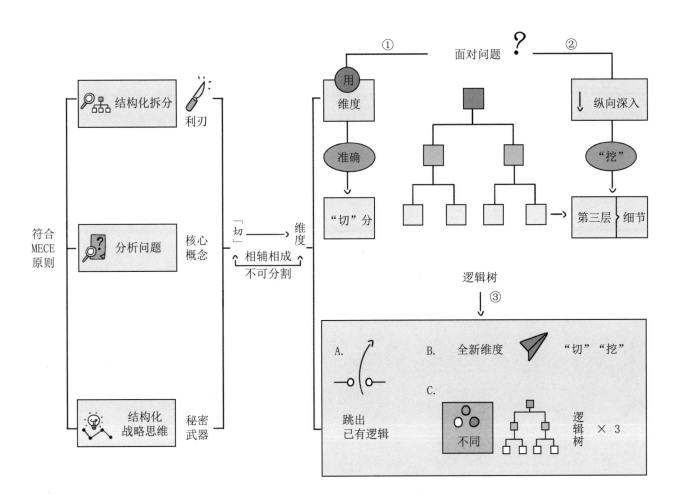

第 3 章

麦肯锡告诉我的
四大原则

3.1

让数字说话

· 结构化战略思维是以数字为依据的、用严谨逻辑来推演的思维方式

· 遭遇了"黑天鹅"，数字说话原则即宣告失效

结构化战略思维是以数字为依据的、用严谨逻辑来推演的思维方式。

数字至关重要。现代社会中的大部分真相最终会汇总成数据，并以数据形式呈现和存储。然而，数据本身并不能表达任何含义，只有数据与逻辑结合在一起时，我们才能从中发现并表达真知灼见。也只有这样，数字才算是真正在"说话"。因此，数字说话作为结构化战略思维的实践核心原则，涵盖了数字及相关的逻辑。

3.1.1
普通的数字有何概念和功用

数字包含"数码化"和"数据化"两重进程。数据化（Datafication）是剑桥大学教授舍恩伯格提出的，这一概念有别于简单的数码化（Digitalization）。数码化往往是数据化的前提，比如把一本书扫描成图像存储在计算机里供人阅读，这是数码化，但这一步并没有完成图书数据化进程。数据化是把一种现象转化成更高级的数字形式，以一种能被搜索、统计和分析的形式呈现（见图 3-1）。

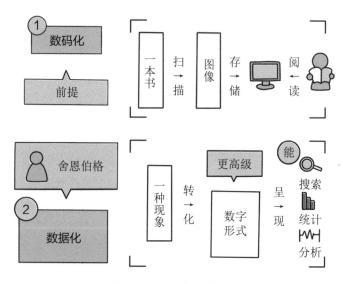

图3-1 数码化和数据化

数据化加上数据分析带来人类认知的飞跃。基于谷歌可搜索分析数据化书籍,专门研究数据化书籍内涵的新学科"文化经济学"(Culturomics)诞生了。人们在分析数据的过程中发现了一些在缺少数据化时根本无法注意到的规律。比如哈佛大学的研究者发现,只有50%以下的英文书中的英文单词被正规字典收录,这"文本黑物质"(Lexical Dark Matter)引发了各文化学者关注[1]。

数据分析不只加深了我们对世界的理解,也使我们目睹万物数据化商业价值的爆棚。欧洲商协(European Commission)曾预测,到2020年,仅欧洲的个人信息数据就值1万亿欧元,占欧盟GDP的8%左右。新型数据化公司也获得红利,2006年世界最大的公司前几名还是埃克森美孚(Exxon Mobil)等石油能源类公司,而2019年世界最大的公司前4名变成亚马逊、微软之类的数据驱动的互联网公司。

数据带来价值的同时也带来了风险。比如,美国个人信用评估公司Equifax存有近8亿条消费者评估信息和近1亿条公司的评估信息。2017年,该公司数据被盗造成近1.5亿条客户信息外泄,为此,该公司面临赔偿额

① 维克托·迈尔 – 舍恩伯格. 大数据时代:生活、工作与思维的大变革 [M]. 周涛,译. 杭州:浙江人民出版社,2012.

最高达到 700 亿美元的集体诉讼。

数据化的普及既要求我们具备一定的使用数据的能力，如基础统计和数据分析的能力，也要求我们对数据的特色、应用和局限有更深入的了解。

下面仔细看看数字的特色和需要注意的地方。

🔍 3.1.2
明辨数字的真伪

"数字都是骗人的"这句话的完整表述应该是"要假设未经验证的数字都是骗人的"。话之所以极端，是因为这样能更多地引起大家的注意。**数字虽然是客观的，但是数字的产生、筛选和解读都可以人为干预甚至被污染**。当数字说话的时候，作为听众的我们必须有一双明辨真伪的耳朵，做出自己的独立判断。

看似客观的数字背后总有一些人在努力地利用这些数字诱使我们做出有利于他们的行为，尤其是购买行为。

数字误导盛行，在手段上也分等级层次。直接进行数字造假是最低级的，处于鄙视链的最底部。比如，上市公司明目张胆地伪造财务数据。造假是要负法律责任的，媒体屡次报道某些公司高管因数据造假而锒铛入狱的案例。

除了数字造假，还有许多更"高明"的、看似"合理合法"的数字误导手段。以偏概全就是一种常见的误导手段。比如零售店铺门口吸引顾客进店的"50% 折扣"的大牌子，一旁用极小的字注明"部分商品"，顾客进店后才发现只有几件商品半价，而大部分商品的价格并没有降低。

还有一种误导手段是有选择性地提供数字，也就是只选择对自己有利的数据点，使人们推导出与客观事实完全相反的结论。比如在波动曲线中，如果有意只选择有利的数据点，就可以造出能符合任意斜率的上升趋势图谱。

偷换概念也是一种很常用的误导手段。比如某教育机构的广告词是"全国用户超过 4 亿"，而此处"用户"的概念包括"注册用户""试听用户""付费用户"和"活跃付费用户"等。广告里的"用户"可能泛指历史上累计的所有注册用户，这个数字自然远远高于大多数听众理解的"活跃付费用户"的数字。

面对任何数字，我们首先要假设数字是不准确的。"先小人后君子"，**主动验证是思辨者的责任**。只有经得起调研和拷问的数字才可信（见图 3-2）。

举个商业计划书中用数字误导他人的例子。作为投资方，我参加过很多投资路演，也见过各种各样的商业计划书。某路演企业的材料上有如下描述。

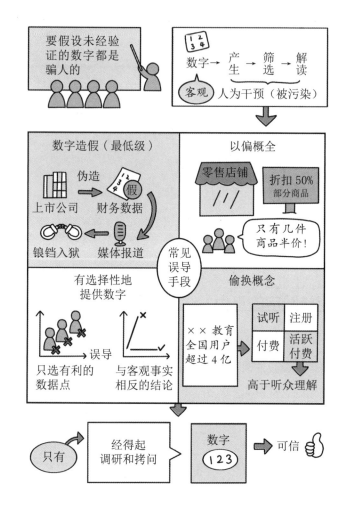

图3-2　明辨数字的真伪

"本公司营业收入连续三年增长20%以上，是健康且稳步增长的高科技企业。"

这句话前半句是事实依据，后半句是结论。我们暂且假设路演材料里的数据是真实的。即使如此，这个推理至少有十几个潜在的误导或"坑"等着我们。数字的事实依据不一定能推导出"健康且稳步增长"的结论（见图3-3）。

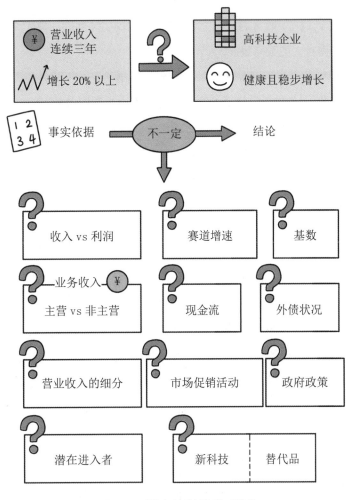

图3-3 潜在的误导或"坑"

45

（1）**收入vs利润**：收入增长20%，实际利润如何？企业在路演材料中没有直接写出利润数据很可能是因为真实的数字很差。

（2）**赛道增速**：收入增长20%虽然看起来不错，但是在一些高速发展的赛道，比如十几年前的房地产行业，20%的收入增长很可能还达不到行业平均水平。

（3）**基数**：对于初创公司而言，其起始收入通常较少，百分比增长带有强烈的误导性，因此我们更应该看看公司收入的绝对数值。

（4）**主营业务收入 vs 非主营业务收入**：比如企业性质是互联网企业，而其收入增长的主要原因是房租收入占比过大，那么该公司的估值就要重新核算。

（5）**现金流**：如果企业收入增长快但应收账款的账期长或只依靠单一采购方，那么企业的现金流压力就很可能很大，企业甚至可能因此面临倒闭。

（6）**外债状况**：公司如果外债激增，即使收入提升，也会可能资不抵债。

（7）**营业收入的细分**：新产品和老产品的迭代，有没有在未来突破的可能。

（8）**市场促销活动**：降价促销很可能提升收入，却会侵蚀净利，因此我们要仔细验证企业有无大规模市场促销活动。

（9）**新科技/替代品**：主营产品是不是正在经历科技或产品升级，可替代性强不强。企业收入连续三年增长，第四年可能因替代品出现而转亏。

（10）**政府政策**：政府有没有新规要出台以规范或限制这个产业。

（11）**潜在进入者**：如BAT[①]类巨头会不会进入这个市场，引发更激烈的竞争。

---

① BAT，B 指百度、A 指阿里巴巴、T 指腾讯，是中国三大互联网公司百度公司（Baidu）、阿里巴巴集团（Alibaba）、腾讯公司（Tencent）首字母的缩写。

分析至此，原本看起来非常正面的一句惯用陈述实际上却千疮百孔，含有多个需要深入调研验证的不确定因素，离"健康且稳步增长"的结论相去甚远！面对用于决策的关键数字时，我们要有能力在有限的时间内依靠常识快速简便地证真或证伪，我把这种能力称为"常识推理能力"。这一数字核实的过程可以用英语描述为 Back-of-the-envelop-calculation，直译"信封背面的计算"，也就是粗略估计。

麦肯锡的面试一直被誉为"世界上最富有挑战性的面试"，其面试题目十分重视对常识推理能力的评估。面试中经常出现类似脑筋急转弯的问题：如何推算波音 737 飞机里面能装多少个高尔夫球？如何计算波音 737 飞机的重量？如何测算新苹果手机本月的销量？应试者要在草稿纸上用严谨的逻辑推算出一个合理的数字范围。这类问题考查的不是计算能力，因为题目并没有精确的答案，面试官要考查的主要是应试者的逻辑是否清晰，是否具备解题时的**盒外思考**能力。

综上，数字并不像我们通常理解的那样完全客观，而是极具误导性的。**思辨者要随时保持警惕，养成怀疑所有数字的习惯，并培养自己的常识推理、独立判断数字真伪的能力。**

3.1.3
关注少数特例

数字说话原则要求我们不仅对数据中的结构规律有认知，而且要对那些不经常发生的少数特例有足够的关注和刨根问底的精神。

许多伟大发明和重大发现都来自对超级少数派的追问。

比如 X 光的发现、微波炉的发明等，都源于那些对数据敏感的人，他们遇到少数特例时没有想当然地接受这些特例的存在，而是通过执着研究做出了伟大贡献。

再举个关于少数特例的案例。

Y 公司在一次培训结束后收集学生对老师的课后评估，评估打分有 1 ～ 5 分五个级别，5 分是满分，表示"最满意"。参加培训的 20 人中有 19 人给了 5 分，而有 1 个同学给了 1 分（愤怒）的极端负面评分。面对这样的统计，我们通常的做法很可能是"去掉一个最高分，去掉一个最低分"，然后取个皆大欢喜的中间值交差了事。然而，相对于 19 个满意的分数，那个 1 分反而能给我们更多的信息和启示。

我们可以分析出现这一问题的可能性。

这个 1 分可能是主观上有意打的，也可能是非主观误操作（运用逻辑法切分）。如果是误操作，学员错误地认为 1 分代表满分，体现了流程和问卷设计有改进机会。改进办法众多，例如用"笑脸"和"囧脸"图标来代替 1 ～ 5 分，减少对评分理解的偏差。如果是主观上有意为之，那这个同学是真的很愤怒，通过简单访谈就能了解其中原因。

后续回访带来了意外的发现：此同学是唯一的少数族裔，而老师在课上却用了很多关于这个少数族裔的笑话。其他人并不敏感，而这个少数族裔却觉得深受其辱。种族歧视在一些国家可以让公司面临百万美元的罚款，因此少数特例的作用不容小觑。

从另一个角度看，成绩卓越的人也是普通大众中的一种少数特例。

美国著名作家马尔科姆·格拉德威尔（Malcolm Gladwell）在 2008 年出版了《异类：不一样的成功启示录》一书，指出许多像披头士乐队、比尔·盖茨、乔丹等一样成绩卓越的人，大都遵循 1 万小时定律。这有点像中国传统文化里"只要功夫深，铁杵磨成针"的说法，针对任何技能，我们都要持续练习 1 万小时以上才可成为那"人上人"。关注先进的少数人群，汲取真知，坚持不懈努力，我们也有机会成为某种特定意义上的"特例"。

📷 3.1.4
数字结论切勿绝对

数字说话原则建立在"过去的数据可以在一定程度上预测未来"的基础上。在结构化战略思维中，数据起到了主导作用，思辨者要同时意识到，在一些特殊场景下，数字可能失灵。也就是说，过去的数据无法预测未来。历史数字失效！

"黑天鹅事件"（Black Swan Incidents）是指不可预测的未知。在发现澳大利亚的黑天鹅之前，17世纪之前的欧洲人将天鹅的羽毛定义为白色的。因此，人们定义"天鹅"时用了"羽毛是白色的"这一判断条件。随着第一只黑天鹅的出现，人们以往对天鹅的定义遭到挑战，人们必须修改和确定天鹅的定义才能对出现的这只黑鸟进行正确分类。黑天鹅被发现纯属意外，当初确定天鹅的定义时人们根本无法预测这件事情的发生。因此，在应用数字说话原则时，话不要说得太满，也不要说得太绝对（见图3-4）。虽然少见，但是世界上存在"不可

知的未知"。遭遇了"黑天鹅"，数字说话原则即宣告失效。

1万小时定律：要成为某个领域的专家，需要1万小时的积累。如果每天工作 8 小时，一周工作 5 天，那么成为一个领域的专家至少需要 5 年。

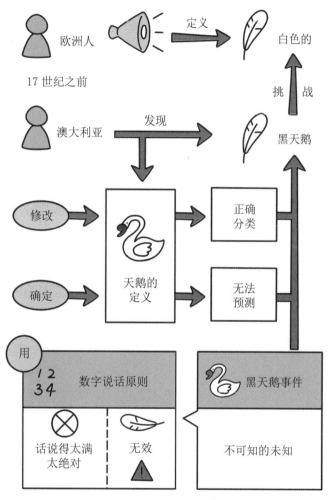

图3-4 黑天鹅事件

3.2 选择表象还是洞见

· 洞见优于表象
· 从杂乱的表象中寻找和提炼洞见能为企业提供最重要的增值服务

表象是每天都能见到的看起来纷繁的事件和各种信息。

洞见是能连接所有相关表象的筋络，是表象背后的根本原因。

洞见优于表象是麦肯锡结构化战略思维四大原则中的第二条，即洞见的价值远高于表象。作为管理者，我们有责任在纷繁的表象中寻求并提炼洞见；而且在交流时，应先说洞见，再叙述表象（见图3-5）。

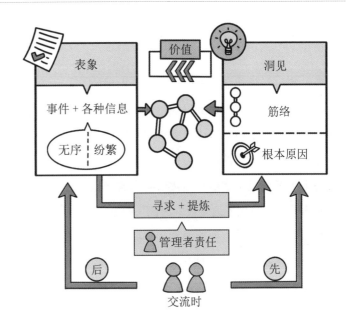

图3-5　表象与洞见

举个生活中的例子，如图 3-6 所示。小白最近不在状态：她失眠了，脸上起了几个痘痘，把钥匙弄丢了，甚至去错厕所。这些貌似杂乱的现象都是表象，是对小白状态的描述。

那什么是洞见？洞见是小白不在状态的真正原因。这里的洞见或许是"小白工作压力太大"，这可以解释前面提过的所有表象。

单独审视每一种表象，导致这种表象出现的原因可能千差万别。比如失眠可能是因为睡前喝咖啡，起了痘痘可能是上火了，钥匙丢了可能是粗心大意的结果……然而，"工作压力太大"可以是贯穿并导致所有表象产生的根本原因。找到了这个根本原因（洞见），所有相关表象的产生便能得到完美的解释，那么我们离找到解决方案就很近了。如果我们分别解决单一的表象问题，既浪费资源又治标不治本。

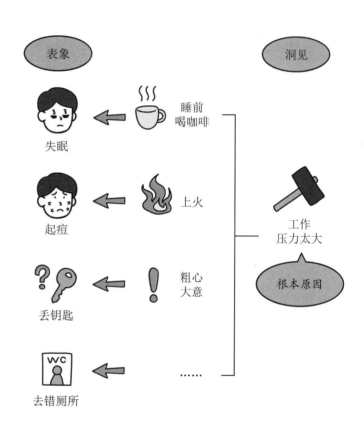

图3-6　选择表象还是洞见

洞见的另一个特色是行为导向。一旦找到了洞见，解决方案基本就近在眼前了。比如上述例子中，如果洞见是工作压力太大，那就可以采用休假等方式缓解压力。在海量的数据中萃取洞见的能力是数字决策的核心，初学者可以通过五个简单步骤来练习寻找洞见。

（1）寻找数字中的规律和趋势（Pattern）；

（2）寻找极端的数字及其含义；

（3）对比参照数据并分析差异；

（4）寻求其他相关信息；

（5）推演并提炼洞见。

以虚拟A公司的简化报表来演示一下如何提取洞见。

A 公司是一家有 20 年历史的小型饮料企业。旗下的碳酸饮料，尤其 T1 品牌在省级区域内具有一定知名度，销售情况稳步上升。公司 2018 年年中新增 S1 和 S2 两款新鲜果蔬汁饮品，意图进入中高端市场，不过新品在市场中的表现并未达到预期。3 个月前新 CEO 入职，并着手对业务进行调整。

面对混乱无序的原始数字素材，不要慌乱，首先试图找寻数字规律。

如图 3-7 的产品细节部分所示，不难发现 A 公司有碳酸饮料 T 和果蔬汁饮料 S 2 个品类，各自有 3 款单品。在包装上共分为大中小三类。聚焦细分市场就会发现，A 公司的碳酸饮料基本是中低端定位，而去年新增的果蔬汁饮料则主要定位于中高端。然而，新品在财务和运营层面表现都很差，反倒是传统的碳酸饮料明星产品 T1-0001S 作为旗舰单品为公司贡献了大部分利润。新品果蔬汁饮料全线亏损是利润下降的核心原因，而且其工厂库存压力也很大，占库存总量的一半以上（见图 3-7）。

发现了两种饮料的核心差异之后，我们再验证原始信息中有没有极端的数据点。极端的数据点包括最大值、最小值和零数值。如图 3-8 所示，在工厂销售价一行，碳酸饮料 T1-0001S 价格最低，比同样包装的果蔬汁 S2-0002S 价格低一半以上，这与产品的定位相匹配。零数值主要出现在生产量栏和库存栏。在本阶段生产

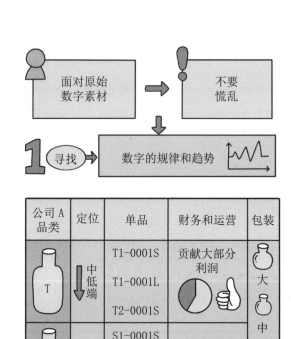

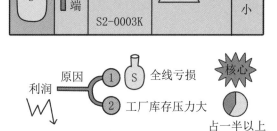

图3-7　找寻数字规律

量栏中，S2-0002S 与 S2-0003K 都出现了 0 生产量，说明新的管理层已经停产 S2 品牌，而把生产聚焦在 S1 新品上。旗舰产品 T1-0001S 在工厂库存和经销商库存上都出现了 0 数值，这告诉我们此款产品出现了断货的现象，其产能和库存管理或许有提升空间。

之后我们要对比参照数据并分析差异。单一而绝对的数字并没有太大意义，寻求多方相对的关键参照信息对发现商业洞见而言至关重要。公司的内外部环境经常改变，基础的相对数字，比如跟竞品及全行业的数字对比，本公司环比或跟上一阶段的对比，甚至单品之间的对比都是很好的分析路径。这让我们不单一地局限在对个体的分析中，而从更大的局势来看待本公司的产品和服务，做出更适合的判断。

例如，产品 T1-0001S 的销量和净利润都高居榜首，这是一贯现象吗？对比上一个季度和去年同季度有什么变化？这些对比可以过滤出外部

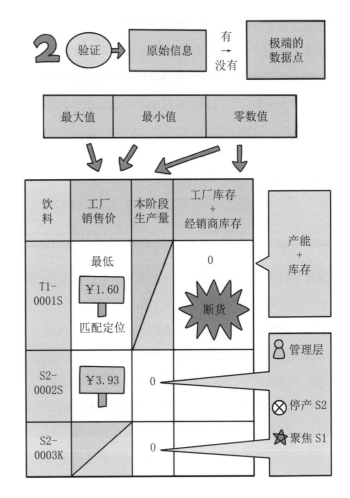

图3-8　是否有极端数据点

因素如促销和重大活动等带来的一次性冲击，也可以将季节性波动的因素考虑在内。另外，零库存说明公司在产能安排和库存管理中可能存在提升空间，历史数据的对比对于了解问题的全貌也很有帮助（见图3-9）。

我们在之前的环节中积累了对公司运营的基本判断，不过由于数据有限，要学会挑战所提供信息的细节颗粒度和信息的全面性，还需要学会深挖，问正确的问题，索要关键的新数据点。例如，对果蔬汁饮料 S 进行综合评估时我们需要更多的财务信息。可表格只提供了单品层面的销售额和净利润，缺失了成本和市场营销等大类的具体数字。得到成本构成后，我们会发现中高端的果蔬汁饮料 S 毛利远高于碳酸饮料，这也是公司当初布局高端市场的目的。通过新的营销数字，我们会发现新品营销数额和占比都过大，因此才亏损。参照业界常规，即使有大量和精准的市场投入，一个新品牌饮品也至少要 4 个季度才能盈利。

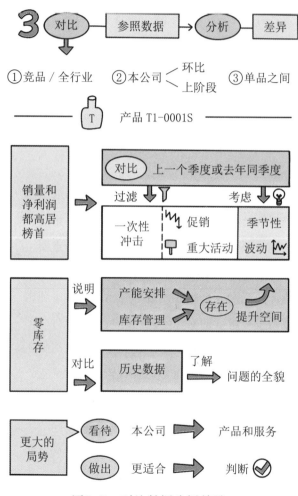

图3-9　对比数据分析差异

如果是这样，停产 S2 决策的正确性就需要进一步论证，我们还应该做详尽的市场发展趋势分析，饮料行业的健康消费升级的趋势对制定公司战略也有很大的帮助（见图 3-10）。

将相关的数据尽可能地收集并进行细致分析后，我们最后要进行的就是归纳提炼出洞见的关键步骤了。提炼洞见并不是件容易的事情，但经过之前的数字导向的准备，提炼有时会水到渠成。

可能产生的公司战略层面的洞见包括：饮料市场已经出现健康消费升级的趋势，A 公司碳酸饮料旗舰产品 T1-0001S 的销售放缓，战略上需要增加更健康、利润空间更大的产品。附加值更高的果蔬汁饮料或成为公司发展的核心举措。

在碳酸饮料利润依旧充足的情况下，A 公司需要持续布局并投入果蔬汁饮料，给 S2 提供足够的成长时间。而在单品层面，T1-0001S 虽然是公司旗舰产品，但是公司在其产能和库存管理方面曾出现严

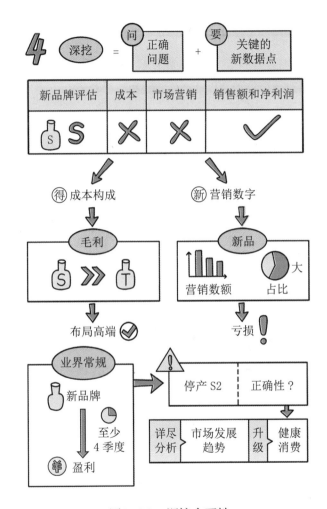

图3-10　深挖全面性

重失误，未能预测春节市场需求的猛增，造成缺货断货而产生巨额损失。A 公司需要进一步审视并提升产能规划和库存管理的方法和流程；高端产品 S2-0002S 和 S2-0003K 是否全面停产应该重新考虑等（见图 3-11）。

综上，对管理者来说，从杂乱的表象中寻找和提炼洞见能为企业提供最重要的增值服务。

在战略项目初期，对问题定义的深入探究就是透过表象寻求洞见的过程。

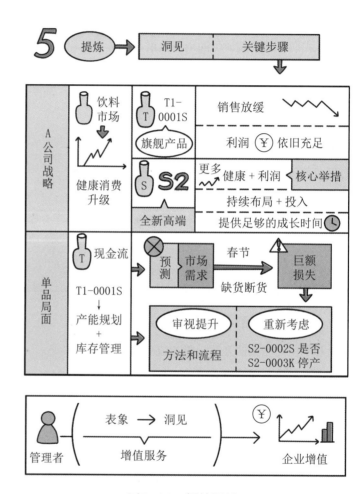

图3-11　提炼洞见

3.3

学会MECE原则——实现不重叠、不遗漏

· MECE原则是结构化战略思维最核心的原则，也是"切"的核心要求

· MECE结构还确保了管理者从全局出发，无遗漏地讨论所有相邻相近相关的拓展机会

到目前为止，MECE 和"切"可能是本书运用的最多的词汇。MECE 原则是结构化战略思维最核心的原则，也是"切"的核心要求。

MECE 是自上而下方法论的利刃，也是思辨者日常修炼的最为关键的科目。从"切"名词到"切"问题，切分所用维度不同就会生成众多迥异的分支，然后我们需要对每个分支节点进一步深度"切"分，"挖"下去。

对思辨者而言，经典管理学理论同样遵守维度切分和 MECE 原则。掌握了结构化战略思维的基础，我们可以复盘这些理论的生成过程，并创

作出更符合时代要求的新框架。本节将系统地、批判性地复盘几个经典管理学理论的思路，通过学习其优势和不足来加深对 MECE 原则运用的理解。

按照从宏观到微观、从外部到内部的顺序，审视一下几个最常见的单维度经典管理学理论：从宏观 PEST 模型开始，到行业赛道吸引力的波特五力模型，然后是公司能力 SWOT 分析，再到内部公司管理的麦肯锡 7S 模型，最后看看多维度理论，如 BCG 矩阵和消费者细分市场感知分析（见图 3-12）。

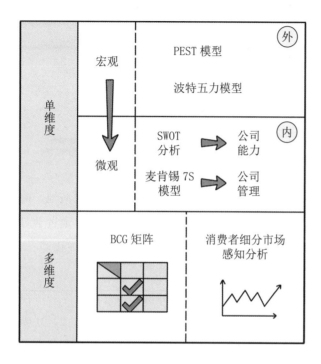

图3-12　最常见的经典管理学理论

3.3.1
结构化单一维度分析的经典框架

PEST 模型：由哈佛大学经济学教授弗朗西斯·阿

吉拉尔（Francis Aguilar）最早在 1967 年提出[①]，用来评判企业外部宏观经济大环境（见图 3-13）。

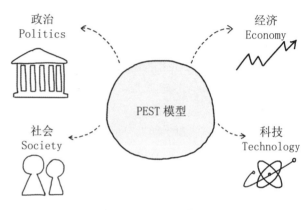

图3-13　PEST模型

每个经典理论都是用来解决非常具体的商业问题的。PEST 模型也一样。现在假设你是一家世界顶级基金的投资负责人，有很多资金要分散投入不同国家或地区，那么在挑选资金投入的国家或地区时，需要重点考虑哪些因素？

----

① 弗朗西斯·阿吉拉尔在 1967 年提出 ETPS 模型，与 PEST 模型内容一致，只是顺序不同。美国学者格里·约翰逊（Gerry Johnson）与凯万·斯科尔斯（Kevan Scholes）于 1999 年提出了 PEST 模型。

在白板前，就如何解决这个问题，你带领小组从零开始头脑风暴。你郑重地把问题书写在白板上："如何评判一个国家或地区的宏观经济是否适合投资？"

如图 3-14 所示，头脑风暴的第一步是要求团队把所有能想到的具体因素先罗列出来，然后再逐一排查、提炼和归类。团队成员七嘴八舌地把想法不分层次、不分顺序地全部抛出，由你统一执笔书写在白板上。在写每一个可能的因素之前，你要鼓励团队实时挑战每个新因素的合理性，适当地甄别并筛选，确保只有相关因素才会留在白板上。如果大家踊跃参与讨论，白板慢慢地就会被头脑风暴产生的相关决策因素填满。

头脑风暴的第二步是提炼归类。作为主持人，你的主要任务是把以上因素去除冗余，归纳成几个大的类别，并有意地引导大家用统一的 MECE 视角看待这些因素。梳理一下头脑风暴得出的因素，大概率会得到以下分类结果。

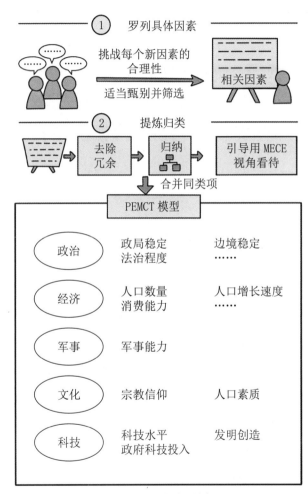

图3-14　头脑风暴

·政治（Politics）：政局稳定、边境稳定、对外国资本的保护、法治程度

·经济（Economy）：人口数量、人口增长速度、消费能力、投资政策、货币流动性、医疗卫生、基础建设、自然资源、港口数量、互联网发展程度、工业现代化程度

·军事（Military force）：军事能力

·文化（Culture）：宗教信仰、人口素质

·科技（Technology）：科技水平、发明创造、政府科技投入

合并同类项之后，团队可能得出了 5 种符合 MECE 原则的大品类，暂且给这个理论起个"洋气"的名字—— PEMCT 模型。

PEMCT 模型与经典 PEST 模型相比，除了细微的分类差异，大部分因素惊人相似。经典 PEST 模型无非是把 PEMCT 模型中的"军事"放在"政治"类别里，又用广义的"社会"涵盖 PEMCT 中的"文化"品类。我们创造的 PEMCT 模型也有自己的优势：在战事不断和中西方文化碰撞的大背景下，单独对军事和文化进行讨论具有时代特质。也就是说，从适用角度来看，新生成的 PEMCT 模型有时代领先性，可作为 PEST 模型的现代改良版本。

波特五力模型： 按照从宏观到微观的顺序再往前走一步，从国家或地区选择的宏观标准逐渐聚焦到评判特定地区某行业吸引力的主要因素，我们来回答"哪个赛道值得投资"的问题。

我们同样用"切"和 MECE 原则来复盘判断行业吸引力的波特五力模型的产生过程。

还是来复盘头脑风暴的过程。

你拿着白板笔，带领 3～5 人的团队来解决问题。你在白板上写下："PEST 分析之后，公司决定投资中国。中国市场有许多行业，可以用哪些具体的标准来选择投资的行业或赛道？"

这个问题比较绕，需要简化一下。波特五力模型有个"讨价还价／议价能力"的概念。大意是说，商场如战场，每个行业的企业都跟外部各种玩家进行着博弈。在某个特定行业中，如果企业对周边玩家的议价能力普遍较强，说明这个行业相对容易推进，有吸引力；相反，如果企业议价能力很有限，说明这个行业比较有挑战性，因此也就缺少吸引力。

按照这个逻辑，问题可以被重新写成："在某一特定行业，外部（不是内部）有多少种实体或玩家可以制约或帮助一个企业成长？"宏观的政策法规之类的风险已经用 PEST 模型进行覆盖，这里只谈企业外部的实体。

第一步依然是多维度的切分。还是采取穷尽具体因素的方法。在这种情景下，以一个具体的行业和其中的企业为例才能让我们形成深刻体会。假设公司是专做早餐的餐饮业实体，是一家卖烧饼的店铺，并起了个非常有历史感的名字，叫"大郎烧饼"。那么，有哪些外部实体或玩家可以制约或帮助大郎烧饼店发展呢？

大家开始头脑风暴（见图 3-15），列举每一个相关的外部实体：卖面的、卖炭的、其他饭店、卖面包的、卖包子的、卖面条的、卖西式糕点的、其他卖烧饼的（如"太郎烧饼"和"老狼烧饼"）、直送烧饼的网店、正在买烧饼制作设备的邻居，互联网巨头如果认为烧饼有赚头也要搞个 AI 烘焙以"一统天下烧饼"，还有每天挑三拣四的顾客们。大家整理思路，通过归纳总结，可将这些外部玩家分为几大类：同类竞争者、上游供应商、下游消费者、替代品、潜在进入者。

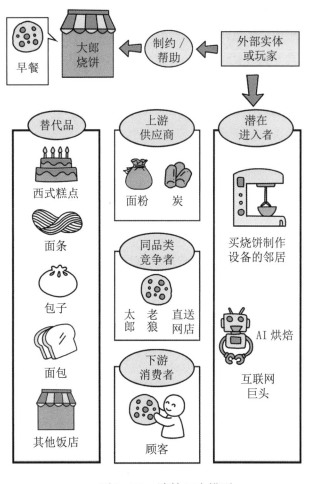

图3-15　波特五力模型

总结出这五种实体后，再拿出波特五力模型的经典图谱对照一下，不禁感叹何其相似。

为什么用切分和MECE原则自制的企业影响图谱跟波特五力模型基本一致？对企业而言，尤其是对传统制造企业来说，核心的外部交互方相对有限，经过适当提炼总结之后得出的归类应该与经典理论大体一致。

如前所述，讨价还价，即议价能力的高低可以用来判定赛道的吸引力。用这个逻辑来看大郎烧饼店所在的线下早餐餐饮业，可以把周边的相应外部实体或玩家排查一遍，通过分析数据来推断早餐餐饮业的吸引力。

假设我们拿到了真实的数据，那么就可以推导出在中国类似大郎烧饼店的线下早餐餐饮业的综合吸引力较弱，不建议投资。结论是基于议价能力的分析：上游供应商议价能力很强，原材料都是食品类通货，导致企业议价空间十分有限；下游消费者由于选择很多，企业在缺乏品牌力的情况下相对弱势，消费者具有较强的议价能力；由于科技含量低，行业的进入门槛低，潜在参与者容易进入；替代品更是琳琅满目，中西糕点和其他早餐品类等都是合格的替代品；本赛道的同类竞争对手也相对强势，如果大郎烧饼的产品没有特色，消费者缺乏品牌认知，那么大郎烧饼的市场份额就很容易被太郎烧饼或老狼烧饼蚕食。波特五力模型体系化地指导了企业分析的路径，让我们短时间便可得出初步的判断结果。

波特五力模型真的完美吗？思辨者不妨再次挑战经典，用 MECE 原则重新审视经典。有人发现除了限制企业发展的外部"杀手"实体，还有一类外部企业会帮助企业发展。这类外部企业对本企业而言具有明显的互助共生的特色，它们被称为"协作者"。比如卖豆浆的"王婆豆浆"跟大郎烧饼就很互补。虽然都是早餐类产品，但是彼此产品差异性大且非竞品或替代品。烧饼和豆浆又面对相似的消费群体，完全可以互相协作引流，甚至打包组合成新的早餐产品。这样，波特五力模型的增强版——"六力模型"

应运而生，更符合 MECE 的穷尽原则。

"六力"之外真的就没有其他"力"了？当然有。行业特殊性的存在往往可以挑战普适性原则。比如，在很多国家，很多行业都有行业工会。工会虽然在企业体系外，却可以直接影响企业内部的管理和运作，对行业有十分重要的影响力。还有一些特殊行业，比如裘皮加工业和矿产开发会受到外部公益组织，如动物保护协会和环境非政府组织（NGO）的干涉。遇到这些特例，我们就不能照搬照抄已有模型，而需要在原有的理论框架基础上定制"一事一议"的特殊处理方案。

波特五力模型是否适合所有企业？仔细想想也不尽然。不如把视角从传统制造业移到其他模式不同的行业，如互联网企业。互联网企业本身已经相当多元化，大多数互联网企业没有明确的供应商，有些甚至没有上下游的概念。大学和培训机构为软件研发公司提供人才，软硬件平台公司提供服务器和代码平台。这种近似采购通货的供应关系在本质上有别于制造业企业对原材料供应商的依赖。类似发现是对波特五力模型在基础层面的冲击。

综上，通过锲而不舍地"刨根问底"，我们可以对波特五力模型的内容、功用和局限性产生更深刻的认识。

分析宏观经济 PEST 模型、行业吸引力波特五力模型后，我们把目光从外部转至企业内部，从微观角度审视管理细节，来看看企业管理与运营的经典SWOT 分析和麦肯锡 7S 模型。

SWOT 分析：SWOT 分析方法是很常见的分析模型，有时甚至被滥用。似乎所有 MBA 新毕业生或接受了几天管理培训的管理者都会习惯性地在自己的汇报PPT 里加一页 SWOT 分析，认为 SWOT 分析"高端大气上档次"。

然而，SWOT 分析在逻辑思维层面是用最简单的单一维度逻辑法切分的。整个模型只重点用了"内部

vs 外部"一刀来"切"公司管理问题，然后在内外部基础上，用"好 vs 坏"拼凑成 4 个象限。

> ·优势（Strengths）：公司管理相关的有利的内部因素。
>
> ·劣势（Weaknesses）：公司管理相关的不利的内部因素。
>
> ·机会（Opportunities）：公司管理相关的有利的外部因素。
>
> ·威胁（Threats）：公司管理相关的不利的外部因素。

从设计上看，SWOT 分析是粗线条地初步梳理思路的工具，而不应该成为呈现思考结果和洞见的方法。企业管理外部和内部都应该有更细节、更深入的切分方法，如前文所述的波特五力模型在外部分析上

就比 SWOT 分析中的"机会"和"威胁"更有深度。从内部分析角度看，SWOT 好坏两极的逻辑也过于粗糙，跟麦肯锡 7S 模型和比较通用的企业战略画布等模型在细节层次上有很大差距。因此，在企业报告中只呈现 SWOT 分析是整体分析颗粒度不细和思维深度不够的表现。

麦肯锡 7S 模型：由麦肯锡的两位咨询师小罗伯特·H. 沃特曼（Robert H.Waterman, Jr.）和托马斯·彼得斯（Thomas Peters）在 20 世纪 80 年代初首次提出，主要用来诠释公司各内部模块是如何相互作用的。

鉴于已经多次复盘模型的生成，此处我们从切分角度和 MECE 视角来直接审视 7S 模型是否合理合规。

麦肯锡 7S 模型把共同价值观放在所有要素的中间，凸显价值观是各个部分的核心黏合剂，所有要素都围绕着价值观。在实操中，尤其在企业变革的过程中，管理者会把元素两两配对进行分析，把模型转

 麦肯锡7S模型包括7个部分，每个部分都以英文字母 S 开头。

· 战略（Strategy）：公司要建立相对竞争对手的可持续的竞争优势计划。

· 结构（Structure）：公司的组织架构，如汇报的链条。

· 系统（Systems）：员工完成任务所用的系统和流程。

· 共同价值观（Shared values）：公司的核心使命和文化。

· 风格（Style）：公司决策和管理风格。

· 员工（Staff）：组织成员。

· 能力（Skills）：组织综合能力。

化成比较矩阵（见图 3-16）。

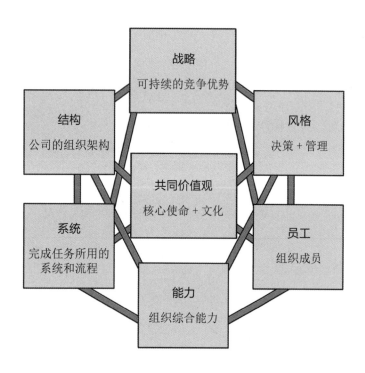

图3-16　麦肯锡7S模型转化而成的矩阵

训练有素的结构化思维"切"的专家，先习惯性地看一下麦肯锡 7S 模型中这 7 个要素是否符合 MECE 原则。我们惊奇地发现，7S 模型虽然冠以"麦肯锡"的前缀，但是这 7 个要素却不止一处违反了 MECE 原则！

"共同价值观"被放在整个图谱中间，与其他因素形成了"中心 vs 边缘"的第一层关系。可以理解为公司内部运作的影响因素被分成价值观和价值观之外的核心因素，这个层面是符合 MECE 原则的。再往下一层"挖"，看看"共同价值观"周围排列的第二层中的 6 个元素是否符合 MECE 原则。"员工"和"能力"及"员工"和"风格"这两者之间就有较为明显的重叠。"员工"包含了部分"能力"，在一定情况下甚至决定了"能力"。"风格"也同样跟"员工"甚至"共同价值观"有较强联系，在一定程度上有重叠。这违背了 MECE 原则中各元素相互独立无重叠的要求（见图 3-17）。

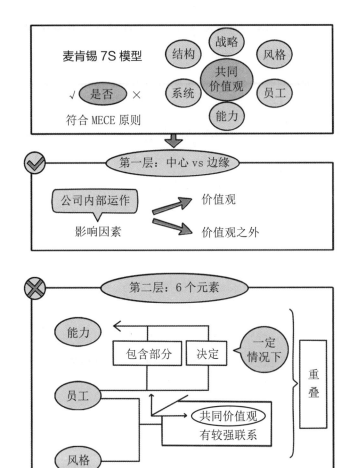

图3-17 麦肯锡7S模型是否符合MECE原则

麦肯锡7S模型违背了MECE原则,这或许跟两位原创作者努力凑7个"S"开头的英文单词有关。他们为了视觉的整齐划一,用力过猛、削足适履。

相对于麦肯锡7S模型,实操中有几个类似的模型框架更实用。比如传统管理理论的"人、系统、流程"和新零售场域下的"人、货、场",这都是相对符合MECE原则的对企业运营的"切"法。如果我们能利用结构化战略思维的方法论指出经典切分框架的不足,并根据实战的需求而选择、改进已有框架并原创出新框架,那么我们就真正在管理思维层面有了实质提升。上述都是结构化单一维度分析的经典框架。

3.3.2
多维度的经典框架：BCG矩阵和消费者细分市场

BCG矩阵（又称"市场增长率－相对市场份额矩阵"）：由波士顿咨询公司（The Boston Consulting Group，BCG）创始人布鲁斯·亨德森（Bruce Henderson）于1970年首创，是一种关于**企业产品战略的评判框架**。正如前文介绍的多维图谱，最初版本的BCG矩阵分别以"市场吸引力"与"企业实力"两个维度为X轴、Y轴。市场吸引力主要以市场销售总额的增长率来评判；企业实力包括市场占有率、技术、设备、资金利用能力等，往往以产品市场占有率作为评判标准。

为了便于展示，此处采用简版的BCG矩阵：X轴将企业实力的评判标准简化成单一产品相对市场份额；Y轴用细分市场销售总额的增长率作为量化指标。以上两个维度相互作用，公司的所有产品被划分到四个象限，这四个象限也称"产品类型"。

BCG矩阵具有多维图谱战略指导的特性，把产品准确放在相应的象限中之后，产品的发展战略大方向就很自然地被确定了（见图3-18）。

现金牛产品： 在饱和或略萎缩的成熟市场，该产品市场占有率高。比如，中国碳酸饮料市场逐渐饱和，可口可乐占有的市场份额较大，是一个现金牛产品。现金牛产品的战略方向是保证基本补给，争取在短时间内获取更多利润，为创新产品提供资金保障。

明星产品： 在高速发展的增长市场，市场占有率高。比如，在电动汽车赛道，特斯拉就一度属于明星产品。明星产品的战略方向是抓住市场机会，倾尽投入，积极扩大经济规模，在提升本产品市场占有率的同时提高市场进入的壁垒。

问题产品： 在高速发展的增长市场，市场占有率低。问题产品处于一个高增长的赛道，资本和潜在玩家都会涌入。在这样的市场中不进则退。针对这类产品的产品战略要么是加大投入，把产品向明星产品

图3-18　BGG矩阵（**市场增长率-相对市场份额矩阵**）

品类推进，要么止损放弃。

瘦狗产品：在饱和或略萎缩的成熟市场中，市场占有率低。针对瘦狗产品，建议采用撤退战略，应减少产能，逐渐撤退；对那些销售增长率和市场占有率均极低的产品，应适时淘汰。

就这样，BCG矩阵用简单的4个象限把所有产品清晰地划分归类，并附上产品战略方向性建议。

我们照例试着挑战一下这个经典矩阵。首先，不得不说BCG矩阵是个相当值得称赞的产品战略讨论的起点框架。依据框架得出的结论能指引具体的产品战术，具有很强的实操性。而且，BCG矩阵在实战中有促进高效沟通的优良"副作用"：这四类产品，比如现金牛产品，可以用来统一公司内部对产品的定位。在公司层面对产品定位有一个清晰的理解能在很大程度上减少内部沟通的交流成本，从而增加战术成功落地的机会。

如果非要鸡蛋里挑骨头，我们只好再次从"切"的角度审视一下这个经典模型。BCG矩阵的模糊性存在于X轴和Y轴上，即相对市场份额和销售总额的增长率。之前提到，维度切分要求衡量的维度满足具体可衡量的客观标准。以 X 轴为例，瘦狗产品从哪一个具体数字点开始变成现金牛产品一直是争论的焦点。这个关键切分点随着行业和市场竞争状态的不同而变化。也有人认为每个细分市场可能需要以不同的 BCG 矩阵进行分析，如何确认产品在细分市场的份额也容易引发分歧。Y 轴也面临着类似的挑战。

还有的批评之声针对 BCG 矩阵近乎"一刀切"的产品战略推荐，而现实中产品战略的复杂度远远超越该框架的主要维度。就瘦狗产品而言，现实中大多数产品会被划归到这个象限。然而，瘦狗产品有很多其他未被提及的维度功用，不能一概而论。比如在快消品行业里，瘦狗产品很可能是"多品牌战略"的一部分。在美国的早餐燕麦片市场，头部企业如通用磨坊（General Mills）和家乐氏（Kellogg's）就用大量瘦狗产品来占领货架空间，导致其他中小竞争对手找不到货架而无处立身。瘦狗产品还对主品牌有产品风险管理的保护作用。如果主品牌发生

公关危机类风险，那么至少公司还可以对成熟的瘦狗产品加大推广力度、进行升级以填补产品空缺。

可以看到，尽管这些批评都在试图挑战这个矩阵，但是依然没有从根本上冲击其底层的架构基础，而且这个矩阵也符合 MECE 原则。BCG 矩阵果然不失为一个优秀的、可以激发有意义战略讨论的二维度经典商业理论框架。

下面我们看一下关于"客户"的分析框架——**消费者感知图**。消费者感知图的主要功能是细分消费者或购买者，并根据每个细分客户群体制定公司的产品战略。

与前文列举的多维图谱的呈现形式一样，消费者感知图也是由两个维度"切"分而成的：X 轴是消费者对产品价值的追求，也称为"价值感知"。价值感知数值越大意味着产品的质量、原材料、技术和包装等因素越优秀。Y 轴是消费者对品牌的追求，也称"形象感知"。形象感知的数值越大表明产品

品牌在消费者的思维空间中占比越大。

根据以上两个维度 X 轴和 Y 轴相互作用，取其各自中线即可将图谱分为 4 个部分，可将消费者划分到四个不同的象限或类型中（见图3-19）。

价格敏感型：对产品价值要求相对低，对品牌要求也相对低，最主要的决策因素往往是价格。对于这类消费者，企业要想方设法用规模化和自动化等降低成本的手段形成相对可持续的价格优势。

追求极致型：对产品价值要求高，对品牌要求也高，付费意愿偏强烈。对这类消费者，产品一定要占据市场中价值感知和品牌组合的制高点。比如苹果手机，一旦稳定成为市场上价值感知和品牌的综合龙头，就能拥有让人羡慕嫉妒恨的品类最高定价权。

实用型：对产品价值要求高，对品牌要求低，是一群懂行并追求超强性价比的消费者。这些消费者对广告等营销方法相对不敏感，总是在寻找价

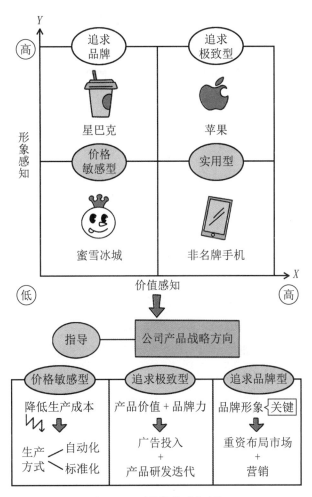

图3-19　消费者感知图

值感知高且价格合理的产品。这类消费者更看重价廉物美的产品，比如一些非名牌手机，它们只用苹果手机一半的价格就能满足消费者对手机功能的全部需求。

追求品牌型：对产品价值要求相对不敏感，却对品牌要求高，往往是一群追赶潮流并愿意为品牌溢价买单的消费者。比如对某些特定消费者来说，星巴克咖啡本身并不是刚需，购买星巴克主要是为了体验品牌形象所映射的小资生活方式。

消费者感知图与 BCG 矩阵相似，也可以指导公司制定产品战略方向。每一个产品都要聚焦服务一个或多个消费群体，而不是全部消费者。把产品和相对的细分市场群体做匹配时，我们就可以根据每个细分客户群体不同的需求特色指导产品战略。如图 3-19 所示，比如，产品如果聚焦于价格敏感型的消费者，厂家就应该努力降低生产成本，如采用生产自动化和标准化等生产方式；而对于追求极致型的消费者，厂家则要确保自己的产品价值和品牌

力上的综合实力领先市场，广告投入和产品研发迭代缺一不可；对于追求品牌型消费者，产品的品牌形象非常关键，厂家要重资布局市场及营销。

在竞争充分的市场里，满足特定消费群体的偏好是产品成功的基础。企业产品必须锁定特定的消费者细分市场，投入有限的资源满足该细分市场的需求。消费者感知图就是细分市场理论中的一个实用工具，从消费者对产品感知的两个核心维度入手，为"消费者为中心"的产品战略提供讨论的框架。

同样，如果用结构化战略思维仔细审视这个经典模型，那么我们就会发现消费者感知图的缺陷也比较明显，比如"价格"这个对消费者至关重要的维度就没有被充分地量化体现。价格虽然被包含在 X 轴和 Y 轴的因素中，如质量、原材料、技术、包装和品牌等，但是比较难以量化。这种价格维度缺失导致的矛盾在追求品牌型中比较明显。追求品牌型消费者和价格敏感型消费者在价格承受能力上有巨大差异：追求品牌型消费者付费意愿强烈，因此追

求品牌型产品的定价可远高于价格敏感型产品。然而，在消费者感知图中，两个人群有相似的X轴（价值感知）坐标位置，而本模型的Y轴（形象感知）定义并未充分体现价格上的差异。

要进一步精进这个图谱，我们或许可以将价格按算法嵌入X轴，不过这样会增加模型的复杂性；我们也可以把价格定位成超越X轴和Y轴的第三维度，不过第三维度的呈现方式就具有相当大的挑战性。这些不成熟的修改建议都有些画蛇添足的味道，因此我认为消费者感知图这类经典多维图谱经得起实践的挑战。

综上，从维度"切"分和MECE原则角度审视了这些经典管理理论。PEST模型、波特五力模型和麦肯锡7S模型是单一维度的，而BCG矩阵和消费者感知图是多维图谱。

在熟练掌握结构化战略思维的方法论之后，我们可以试图复原这些经典理论的创造过程，挑战并指出经典中的不足。在尊重的基础上挑战经典，这跟古人的教诲"尽信书则不如无书"的批判性学习态度是一个道理。

关键图谱的扩展

对结构化战略思维的初学者来说，复用经典多维图谱是必经阶段。上面介绍的经典管理理论中就不乏榜样，比如BCG矩阵等，在适当的场景下应用会带来实用的商业洞见。可思辨者要严格要求自己：在每次关键商务汇报时，思辨者都要要求自己至少创作一张多维关键图谱，而且大多数关键图谱都要用多维度把思维的深度和广度立体地展示出来。这里再介绍些实战中的战略图谱案例，给大家一些灵感。

增长战略图谱

首先介绍品类拓展分析的多维关键图谱。在战略咨询中，"增长战略"是比较常见的议题。作为行业的头部企业[1]，由于本企业体量大，企业增长基本

---

[1] 在某个行业中，对同行业的其他企业具有很深的影响、号召力和一定的示范、引导作用，并对该地区、该行业做出突出贡献的企业。

趋同于整个行业的增长趋势。在整个行业增长乏力时，企业管理者往往要考虑主营品类之外的其他市场。品类拓展就是探究跨界到相邻相近的行业，寻求新的增长契机。

我们以白电行业为例来看看品类拓展分析的多维图谱如何落地。多年前，我曾被中国最大的白电厂家 H 公司邀请，协助设计公司品类拓展战略。团队要在项目初期就建立一个多维度战略讨论框架来指引整个项目的方向。

直接看一下白电行业品类拓展分析的多维关键图谱的构成。如前所述，多维图谱至少由两个维度——X 轴、Y 轴组成。在品类拓展分析图谱中，X 轴坐标体现为"以家为中心的相关品类"，Y 轴是公司自定义的"核心竞争优势"。X 轴品类要符合MECE原则并按照与白电核心产品的相关性大小做

降序排列。也就是说，新品类离白电越近意味着与白电相关性越强，反之相关性越弱。

如图 3-20 所示，沿着 X 轴 Y 轴的刻度垂直于所在轴绘制直线，这些直线彼此交汇就构成了一个网状的方格矩阵。

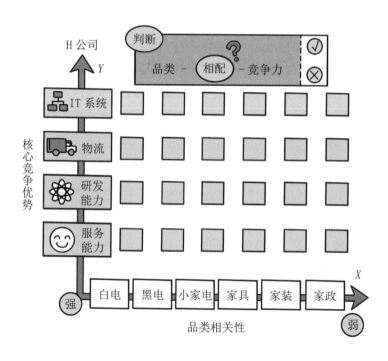

图3-20　多维图谱之品类拓展分析

这时，每一个方格其实代表了一次判断：判断新品类与企业已有各核心竞争力能否匹配。这个图谱是个不折不扣的关键图谱，以该框架为基础可以引导初期的品类拓展战略讨论。

战略讨论时，可以利用这个品类拓展分析图谱，依次进行研讨。在图谱上用"√"来表示某个具体核心竞争力支持此新品类，而"×"表示不支持，用"○"表示不确定。对每个方格进行讨论和判断之后再纵向观察。任何"√"多的品类都值得第一轮深入调研。初步调研的结果（见图3-21）按照MECE原则，以与白电的相关性强弱为顺序仔细调研并讨论每个以家为中心的产品品类。在品类拓展框架下，发现"黑电（电视）""小家电"和"家具"

与已有的核心竞争力比较匹配，值得第一轮深入调研。

在战略框架的引导下，我们下一步就聚焦于这三个赛道市场有多大、竞争是否激烈、竞争对手是谁等问题，可以看一下已有市场状况并

品类拓展分析

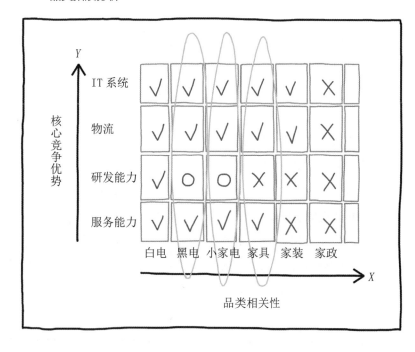

图3-21　H公司的品类拓展分析初步调研结果1

关注有无需求变化。如果决定做新品类，那么我们就要考虑公司还不具备哪些新的核心能力，需要在短时间内获得等。

这个图谱还可以被横向地进行观察，看看哪些能力可以作为单独的第三方服务输出（见图3-22）。IT系统、物流和服务能力都是不错的候选项，尤其是第三方物流和服务，当时市场相对空白，可深入探讨新业务拓展的可行性。

在该白电企业品类拓展的案例中，团队创作的品类拓展分析图谱是很好的拓展战略讨论的起点。这个框架不但把复杂而笼统的拓展问题分解成有讨论价值的具体模块，其MECE结构还确保了管理者从全局出发，无遗漏地讨论所有相邻

相近相关的拓展机会。品类拓展分析图谱是个不折不扣的有战略意义的关键图谱。

品类拓展分析

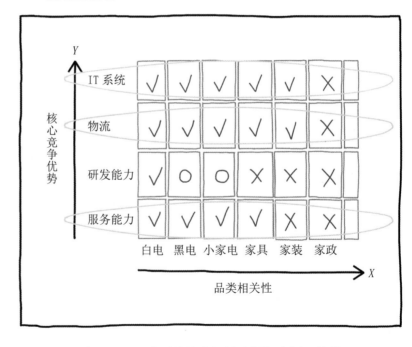

图3-22　H公司的品类拓展分析初步调研结果2

3.4

有说服力的"故事"如何展开——以假设为前提

· 假设是有依据的猜测

· 大胆假设，仔细求证

假设是有依据的猜测。"以假设为前提"是在决策过程中根据已有的有限数据先提出问题动因或解法的假设。而后我们要以该假设为标靶收集足够的数据证真或证伪；如果收集的数据并不能完全支持已提出的初步假设，就要及时调整假设或提出新的假设，然后再次收集足够多的数据进行验证，进而形成一个从假设到验证的循环，如此反复直至假设被数据支持成为洞见。

"大胆假设，仔细求证"也是现代科学的原则。后续将介绍的新麦肯锡五步法中，有两个重要的步骤是提出假设和验证假设，而结构化战略分析就是对这两个步骤的反复循环深入。相关内容将在后文的新麦肯锡五步法中做详细介绍。

"以假设为前提"是结构化战略思维方法论的核心原则，与大家熟悉的以经验为导向的自下而上的方法论有天壤之别。由于以假设为前提有悖于常规思考模式，在组织层面落实时会面临更大的挑战。企业需要在组织内部建立相应的体系化支持，并从核心管理层开始进行长时间持续贯彻（见图 3-23）。

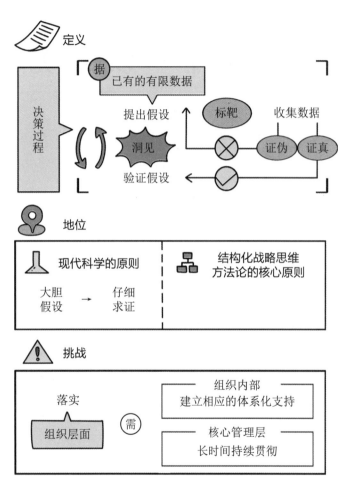

图3-23 以假设为前提

企业组织内部的体系化支持包含 3 个方面：组织、流程和文化。组织上，至少在项目层面，要保持相对扁平的决策架构和少而精的团队构成。大多数公司的管理等级是多层级的，公司可以在微观项目层面营造扁平化的氛围；项目组人数不要过多，可以借鉴咨询公司战略项目 3 ～ 5 人的人员构成和运作方式；营造平等参与的氛围，组员在参与头脑风暴时，尤其是在提出假设阶段。

在流程上要形成从提出假设到验证假设的闭环，确保每个假设都有指定的负责人验证并及时反馈进展。新假设产生之后也要在内部被及时沟通。激励机制上，要鼓励参与，对在头脑风暴中做出突出贡献的成员进行嘉奖。

最后，要逐渐形成"对事不对人"的公司文化。在平等的原则下，有效地把个人和所提出的意见分开；讨论时更聚焦数据和逻辑，而不是个人自尊或私人关系。我们可以运用本书所介绍的概念和术语规范进行内部交流，比如"你的观点缺少'数字'""这些论据并不符合 MECE 原则"等（见图 3-24）。

在组织、流程和文化层面贯彻"以假设为前提"的原则需要公司决策人，尤其是 CEO 的大力支持和推进，而且需要长时间积累。在等级森严的组织里，头衔、知识权威、派系和自尊心等多重因素掺杂在一起，成为贯彻原则的阻碍。比如，CEO 提出的假设无须验证就会成为公司的长期战略，而同样的想法如果来自一般职员，则被轻视甚至被嘲讽。相比之下，"以假设为前提"的原则在个人层面的应用受外部的影响程度相对小，而组织是由许多个体组成的，因此，组织内部个体的思辨能力提升会逐渐加强组织整体的科学决策。个人应用"以假设为前提"原则时，要努力将个人喜好和倾向剥离，真正客观公正地验证假设。

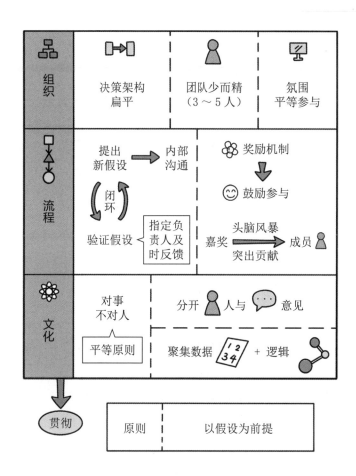

图3-24　企业组织内部的体系化支持

正如达尔文所说，"一旦事实证明错误，我就能够放弃任何假设，不管我多么喜欢这个假设"。如果公司管理层中的每个人都具备类似的心态，公司就向科学决策和管理迈出了坚实的第一步。

综上，本章讲述的结构化战略思维四大原则超越了麦肯锡五步法等具体实施技巧与方法，是结构化战略思维的指导原则，具有普适性，可用来指导思辨者的日常生活和工作。

结构化战略思维四大原则同时也是现代科学的核心，具有理性科学的先进性。现代科学建立在实验科学基础上，同样是强调"数字"和"逻辑"并鼓励"大胆假设，仔细求证"的。

以宇宙科学为例，起初，宇宙观限于依靠观察而形成的各种假想。从两千多年前亚里士多德的"地心说"、16世纪哥白尼的"日心说"，到开普勒的"椭圆形轨迹"，都没有得到完美验证的假设。只有到了近现代，从牛顿的万有引力定律、爱因斯坦的相对论和后来的宇宙大爆炸学说，再到当代科学家的最新研究，其产生才经历了用数字和逻辑以及实验科学的方法反复验证又不断提出新的假设的求索过程。

本 章 知 识 点

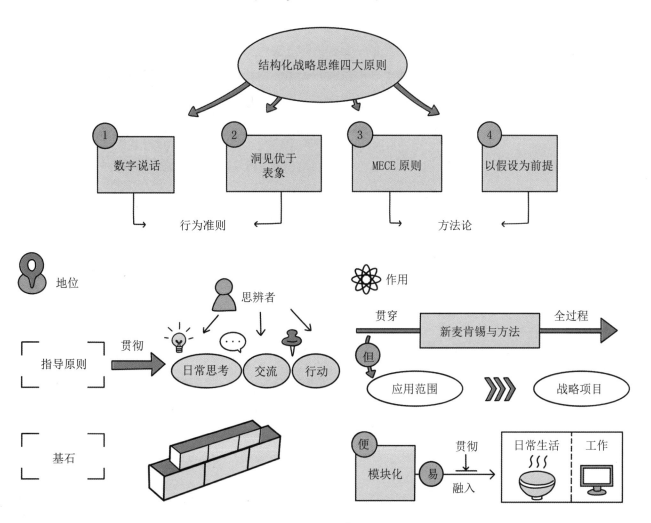

第 4 章

从逻辑思考到真正解决问题
——新麦肯锡五步法

4.1 麦肯锡带你重新定义问题

· 遵循SMART原则，从六大方面细化问题定义的内容

· 最基础需要解决的问题，定义不要太窄

新麦肯锡五步法

| 定义问题 | 结构化分析 | 提出假设 | 验证假设 | 交付 |

定义问题是新麦肯锡五步法极具挑战性的第一步。这里介绍一个问题定义工具，它是在确认问题方向后，用于辅助团队在细节层面精准把握问题定义细节的。这个工具遵循 SMART 原则，从背景、成功标准、边界、限制条件、责任人 / 相关人和资源六大方面细化问题定义的内容。

> 最基础需要解决的问题，定义不要太窄
>
> SMART原则：
>
> 具体（specific），可衡量（measurable），能落地（action-oriented），相关（relevant），时间性强（time-bound）

①背景（Perspective/context）

背景的具体相关信息，如业界趋势、在行业中相对位置

④限制条件（Constraints within solution space）

明确解决方案的限制条件，如是否考虑并购等

②成功标准（Criteria for success）

明确项目的成功KPI，包括财务的和非财务的，必须与主要负责人达成一致

⑤责任人/相关人（Stakeholders）

利用RACI等工具来明确谁是支持资源，谁是最终拍板的决策者

③边界（Scope of solution space）

划定项目边界，项目里面包括什么、不包括什么

⑥资源（Key sources of insight）

主要资源，包括专家、数据库等

如图 4-1 所示，在定义问题时，第一步要摸清大背景，从全局角度看待这个具体问题。比如，这个问题出现时市场需求的变化、竞品的模式和成绩、有无创新性的科技潮流或替代品等。这些都有利于我们将问题复位到大的商业背景中，而不再孤立地看待问题。对问题上下文的探究，有时会启发洞见的产生甚至引发对问题本身的重新定义。

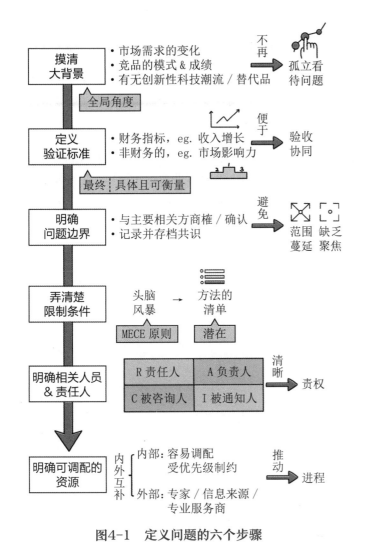

图4-1　定义问题的六个步骤

第二步是定义成功解决问题的最终验证标准。验证标准可以是财务指标，比如三年内收入增长100%；也可以是非财务的，比如市场影响力一年内达到品类前三。具体且可衡量的验证标准不仅有利于项目最终的验收，还能给团队一个具体的便于在工作上进行协同的方向，为问题的最终解决奠定良好基础。

第三步是明确问题边界。项目管理之所以十分重视"项目范围管理"，是因为在解决问题的过程中稍不留意，问题的范围就会悄然变化，也就是"范围蔓延"（Scope Creep）。问题或项目范围的经常变化会直接导致团队缺乏聚焦，也会造成解决问题的周期超长，资源管理失控。明确问题边界要与主要的相关方进行商榷并确认，如果是解决工作中的问题，那么我强烈建议将达成的共识记录并存档。

第四步是弄清楚解决问题时的限制条件。应用前文所述的MECE原则，通过头脑风暴，我们可以形成一个潜在方法的清单，彼此独立小重叠且穷尽地解决问题。不过，现实中并不是所有方案假设都能被接受，所以在定义问题时就要明确解决问题的制约因素。比如，要解决"三年内收入增长100%"的问题，除了企业本身的自然增长，能否通过收购等方法利用资本杠杆增加收入？能否通过财务变通，如财务并表或调整收入确认的方法快速达到既定目标？这些都是问题定义中需要明确的不可缺少的制约因素。

第五步需要明确问题解决的相关人员和责任人。解决复杂问题一定需要团队协作，甚至调动外部力量。关于相关人员的归类，可以借鉴项目管理的经典"责任矩阵 RACI"。责任矩阵将相关人员分为四类：责任人（R）、负责人（A）、被咨询人（C）和被通知人（I）。弄清了问题解决的相关人员，在后续的分析和解决的过程中，责权就相对清晰，容易追踪问题解决的进展，最广泛地联合各相关方解决关键挑战。

第六步是明确可调配的资源。资源分为内部资源和外部资源。内部资源相对容易调配，不过由于问题优先级制约，定义问题时要明确哪些内部资源可以重度使用，甚至排他地专用一段时间。除了内部资源，我们还要善于利用外部资源。外部资源包括专家、信息来源（例如专业数据库等）、专业服务商等。对内外互补资源进行结合并充分利用，往往会有助于推动问题解决的进程。

4.2 制胜法宝——结构化分析

· 结构化分析要求培养严谨的思维逻辑
· 归纳法和演绎法是逻辑推理的基本方法

新麦肯锡五步法

| 定义问题 | 结构化分析 | 提出假设 | 验证假设 | 交付 |

除了前文阐述的"切"分、MECE 原则和各种单维或多维图谱，结构化分析还要求培养严谨的思维逻辑。逻辑是结构化分析的必备基础，就算把问题"切"得再好，还是需要通顺而严谨的逻辑来连接各层。

归纳法和演绎法是逻辑推理的基本方法。归纳法和演绎法是方向相反的两种思维方法，同时两者又是互相依赖、互相渗透、互相促进的。归纳法是从"个别"上升到"一般"的方法，即从个别事实／结论中概括出一般的原理。演绎法是从"一般"到"个别"的方法，即从一般原理推导出个别结论（见图 4-2）。

从定义中可看出，归纳法通常是演绎法的基础，作为演绎法出发点的一般原理往往是通过归纳法得来的；演绎法是归纳法的前提，为归纳法提供理论指

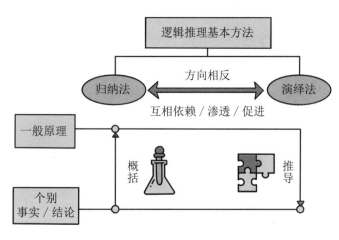

图4-2　归纳法和演绎法的定义

导和论证。

例如，我们看到的第一只乌鸦是黑色的，看到的第二只乌鸦也是黑色的，直到看到的第 N 只也是黑色的。后来发现，没有见过其他颜色的乌鸦。因此，我们总结：乌鸦都是黑色的。

这是归纳法。

古人云："天下乌鸦一般黑。"学会了这条规则之后，有人说路上见到一只乌鸦，不用去看也可以推断这只乌鸦是黑色的。

这是演绎法。

归纳法依据的不是严谨的科学逻辑，一般我们使用归纳法时面对的都是理解能力较强的听众，而且谈论的大多是公认的不太会产生异议的观点。在这种情况下，粗枝大叶的归纳法可以勉强过关（见图 4-3）。

归纳法容易产生明显的逻辑漏洞。在有限的资源情况下，我们永远无法查看所有可能的个例。有选择性地或不成比例地罗列某种情形，归纳法就容易成为误导的工具。比如，某只股票在过去一年表现一直很不稳定，股价上涨的天数和下跌的天数基本持平，综合

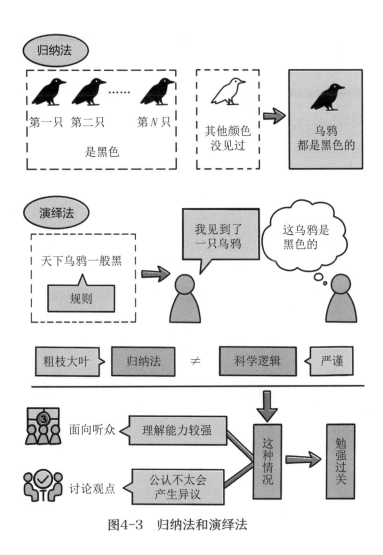

图4-3　归纳法和演绎法

表现也很平庸。不过，分析师完全可以选择性地罗列股价上升的时间节点，设计出股票上涨的趋势。类似的以偏概全、经不起推敲的逻辑在现实生活中并不鲜见。

演绎法是自上而下的，也就是从公理推出个体的判断，比归纳法更加严谨和科学。演绎逻辑的基本公式包括以下几种，可以用一个通俗的例子表示。

命题演算分离规则（MP）：如果是乌鸦，就都是黑色的。这只鸟是乌鸦，所以这只鸟是黑色的。

否定后件律（MT）：如果是乌鸦，就都是黑色的。这只鸟不是黑色的，所以这只鸟不是乌鸦。

这些都是符合逻辑的正确演绎法推理。

不像归纳法本身就有出现纰漏的可能性，演绎法的错误不在于逻辑推理自身的漏洞，而往往出现在应用层面，如图 4-4 所示。

典型的 MP 逻辑错误：如果是乌鸦，就都是黑色的。这只鸟是黑色的，所以它是乌鸦。

这个错误把 MP 逻辑公式的第二段 Q 和 P 的位置互换了，用成了以下的错误模型：如果 P，就 Q；是 Q，因此 P（正确的推理应该是"P，因此 Q"）。

通常，严谨的商务逻辑推理是用归纳法生成假设，然后仔细科学地验证。只有假设验证成为公理，我们才能用演绎法来推导对具体个体的判断。值得一提的是，有些文化重视归纳法，善于总结规律，然而，只有归纳法是远远不够的。只有被反复验证并用实验科学的原则加以证实的做法，才能成为科学推理的坚实基础。

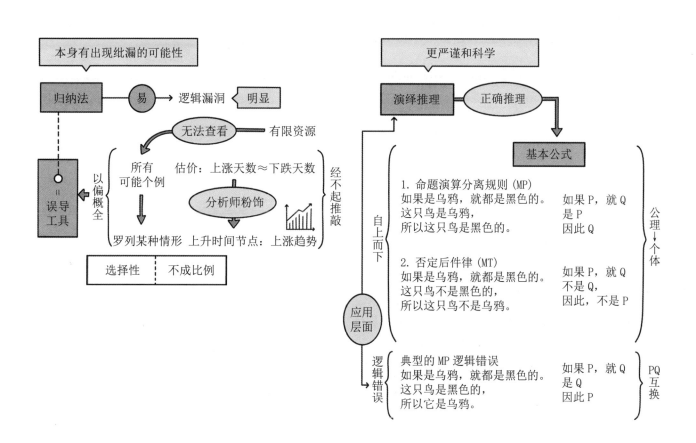

图4-4 归纳法和演绎法的逻辑对比

4.3 解决问题的关键之提出假设

· 提出假设旨在生成相关假设，为后面验证假设提供验证的标靶
· 提出假设是自上而下方法论的核心原则

新麦肯锡五步法

定义问题　　结构化分析　　**提出假设**　　验证假设　　交付

从功能上看，结构化分析过程要提供问题解决的基本逻辑框架，而提出假设旨在生成相关假设，为后面验证假设提供验证的标靶。"结构化分析"和"提出假设"往往同时发生，提出假设是建立在结构化分析的基础之上的。结构化分析和提出假设在沟通方向上侧重不同。结构化分析侧重于外部沟通，主要用来确认方向性思路，如"团队将用什么方法或思路框架来解决问题"。而提出假设环节产出的一系列假设主要是用于团队内部讨论和协作的"半成品"，是为第四步验证假设的实地调研做的充分准备。在结构化分析明确逻辑框架之后，假设清单的功能主要是，为后续实地调研提供团队统一的验证名录，又被称为"访谈提纲的主要内容"。

如图 4-5 所示，提出假设是自上而下方法论的核心原则（麦肯锡结构化战略思维四大原则之"以假设

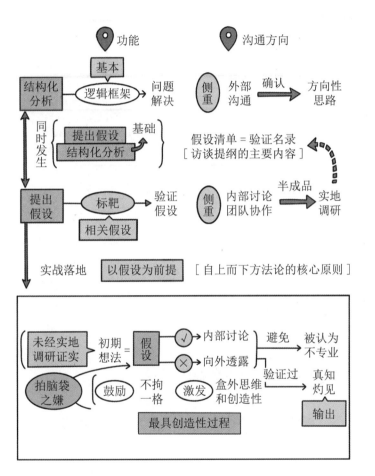

图4-5　解决问题的关键之提出假设

为前提"）的实战落地。它要求团队在项目初期还没有进行实地调研和缺少必要专业知识输入的大背景下，用假设方式来准备可能的方案选项。这套方法对结构化战略思维的初学者来说无疑具有挑战性，因为此时凭空提出假设很有"拍脑袋"之嫌，和习惯性先夯实基础才能发表意见的厚积薄发的自下而上的做事习惯截然相反。

值得强调的是，提出假设是问题解决中最具创造性的过程，一般提出的假设只用于内部讨论，而杜绝向外透露。因为在这个阶段生成的假设是没有经过实地调研证实的初期想法；而为了激发盒外思维和创造性，本阶段鼓励不拘一格地提出想法，产生的假设必然会有浓重的"拍脑袋"之嫌。过早地向外透露会被认为不专业，最终要输出的是大胆假设后，仔细验证过的真知灼见。

新麦肯锡五步法中如何及时修正错误假设并

提出新的假设、验证后形成科学论断的闭环，下一章验证假设中有详细介绍。此处通过某世界 500 强医疗设备公司的案例，讲述提出假设的具体应用（见图 4-6）。

团队要在一周内完成"中国医院正在发生的十大科技潮流"的调研报告，压力不言而喻，团队内的每位成员都有马上出去调研寻求答案的冲动。不过团队深知在没有规划而盲目地冲出去"做"事的情况下，其收效甚微。设想我们几个咨询师落地到不同地域的不同规模的医院之后，见到被访者又应该按照什么方法来做访谈呢？

我们需要有统一的访谈提纲。访谈提纲可以帮助每个组员进行较为一致的、有针对性的实地调研。这个调研提纲的核心内容是沿着"病患触点"结构而生成的众多假设。在实战中，访谈提纲中还要有一系列起始假设作为访谈时验证的标靶。这些假设除

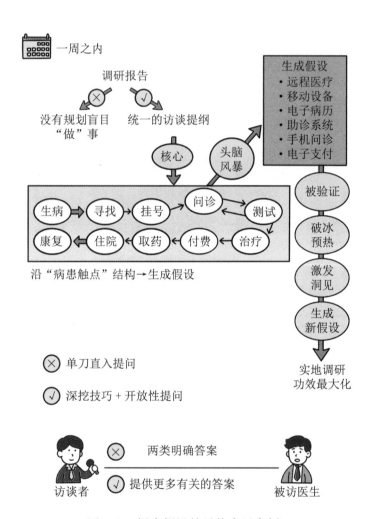

图4-6 提出假设的具体应用案例

了被验证，还可以为访谈破冰预热，激发洞见，甚至生成新假设，从而将实地调研的功效最大化。

团队用头脑风暴的方式，沿着"病患触点"结构的每一个关键节点提出10个左右的具体科技假设。比如，在问诊节点，小组通过头脑风暴生成了远程医疗、移动设备、电子病历、助诊系统、手机问诊和电子支付等具体科技的假设。

项目初期，一名团队成员飞到北京，在某三甲医院访谈外科X医生，讨论问诊流程节点的科技潮流。简单介绍项目背景和调研框架之后，这名团队成员单刀直入地问道："X医生，在您问诊的过程中，用过类似'远程医疗'的设备吗？如果用过，您对它有何评价？"

在这样具体的问题下，X医生只能给出"用过"或"没用过"这两类明确的答案。除了远程医疗，在问诊节点，还有很多其他假设，比如移动设备、电子病历和助诊系统等。验证已有假设之后，团队成员会运用访谈技巧往下深"挖"，追加一个开放性的问题"X医生，在您的问诊过程中，除了刚才提到的几种科技或设备，还有没有类似的呢？"此刻X医生已经听过了许多具体科技的例子，自然会按照相似筛选标准提供更多有关新科技的答案。比如X医生会回答："哦，我们还有类似的医院科室服务公众号、微信群，手机App也正在研发。"医院公众号和App等便成为提出假设部分的新假设候选科技。由此可见，提出假设不仅发生在项目初期，更贯穿了整个项目过程，和第四步验证假设构成循序渐进的自循环过程。

提出假设的关键举措：头脑风暴

头脑风暴是提出假设的关键举措，也是战略咨询公司最常用的解题工具之一。它采用一种非正式的讨论方式生成关键思路或观点。头脑风暴既可以应用于针对问题的整体，也可以应用于聚焦细节层面的主题。

头脑风暴与一般业务研讨有明显的区别。在心态上，它要求团队成员放松地参与讨论，不要努力显示自己的聪明或高明。在讨论中，任何观点都是平等的，没有哪个观点是"愚蠢的"。在平等的基础上，参加头脑风暴的成员自由畅谈，对事不对人地坦诚反馈，用积极的态度面对每个意见。在内容上，头脑风暴并不把"专业性"放在首位，甚至鼓励基于直觉的发散思考，在发散中锲而不舍地寻求隐藏的结构。在形式上，头脑风暴一般在有白板的会议室里进行。团队选出一名协调者，他手持白板笔，主要责任是组织成员讨论并把要点总结、归类、提炼，书写在白板上。在一场头脑风暴中，麦肯锡核心项目团队一般有3～5人，外加其他参与者，理想的人数应控制在3～8人，以确保讨论中的互动和个人贡献的最大化（见图4-7）。

头脑风暴的发生时间点并不固定，它几乎可以发生在问题解决过程的任何阶段。在麦肯锡战略项目小组中，头脑风暴几乎是

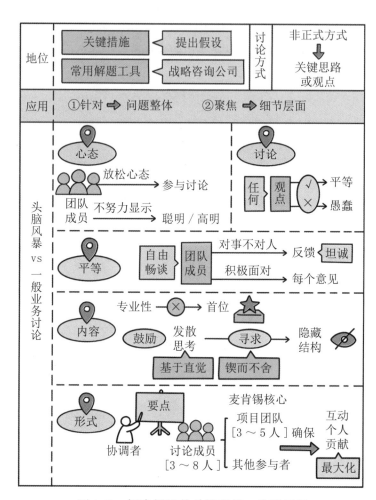

图4-7 提出假设的关键举措：头脑风暴

每天都发生的小组活动。头脑风暴在项目初期至关重要，尤其在定义问题、结构化分析和提出假设阶段，它会直接生成"第一天的答案"①。

头脑风暴遵循 3 个原则：差异、平等和发散。"差异"是对假设本身的要求，同时也是对头脑风暴参与者的要求。头脑风暴鼓励成员采用不同的视角，因此，迥异的背景直接带来思考角度的多样性。如果参与者有相似的背景，就会导致思考同质化严重，群体讨论和个人思考的结果就会趋同，因而失去了一起"风暴"的意义。麦肯锡在招聘时就有意识地避免同质化。招聘有MBA和博士两种学历要求，其中，顶尖商学院的MBA本来就来自不同行业，因而背景多元化；而博士生专业也千差万别，绝不拘泥于管理相关专业。

"平等"能保证头脑风暴参与者破除壁垒，不受限制地阐述自己的看法。如前所述，在讨论中没有"愚蠢"的假设，也没有"更重要"的假设，头脑风暴是一种"对事不对人"的百家争鸣。即使是头脑风暴的主持人也没有特权，不能拒绝合理的假设。只要相关，不管多么"反常规"，也不论是实习生还是合伙人提出的假设，主持人都要平等地将它们写在白板上。

头脑风暴要有创造性。提出的假设可以是天马行空"发散"思维，越是盒外思维就越能挑战固化思维，带来突破性创新的可能。头脑风暴鼓励用其他行业的成功经验跨界解决手中的问题。各种假设提出之后会被汇总整理（见图4-8）。

---

① "第一天的答案"在《麦肯锡结构化思维：如何想清楚、说明白、做到位》第 10 章"培养结构化战略思维需要养成的十个习惯"中有详细阐述。

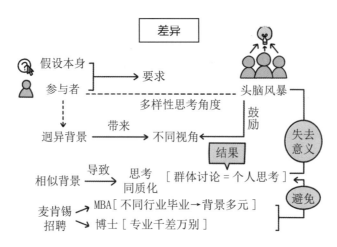

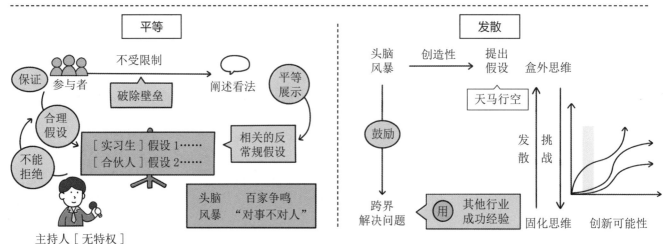

图4-8 头脑风暴的3个原则

实践证明，那些因"发散"而不好归类的假设反而会给问题解决带来意想不到的启发。

提出假设时杜绝专家过早参与

提出假设的过程是否需要懂这个问题的专家来参加呢？答案是一个坚决的"不"字。提出假设的过程，尤其是最初期的头脑风暴活动，即使专家招之即来，也不能过早地让专家参与。这是因为提出假设是自上而下思维方式的体现，它与以经验为导向的自下而上的思维方式截然不同，如果没有足够的经验来平衡，就会产生激烈的冲突。

专家如果没有经过体系化的结构化战略思维训练，势必会习惯于"专家思维"，也就是习惯性地跳过新麦肯锡五步法的前四步，而直接给出他的所谓"正确"答案。如前所述，专家擅长"一招制敌"，俗话说："手里有个锤子，看什么都是钉子。"在讨论中，专家会信心满满地告诉所有头脑风暴的参与者：同样的问题他在某某项目上遇到并成功解决过，只要按照以往的经验重做一遍就可以

了，还用什么头脑风暴？！

提出假设是新麦肯锡五步法里承上启下的关键一环，而且有别于平常的经验导向的思维定式，需要适应和在实践中反复磨炼。这一步完全不同于毫无根据的"拍脑袋"。新麦肯锡五步法里有严格的"验证假设"的过程，会及时修正错误并提出新的假设，形成科学验证的闭环。

接下来，我们看第四步验证假设如何与提出假设相互作用，确保最终正确解决方案的产生。

4.4 验证假设——一切都用事实说话

· 验证假设是通过严谨的科学方法验证之前提出的假设是否正确
· 验证假设调研工作分为案头调研和实地调研

新麦肯锡五步法

定义问题　　结构化分析　　提出假设　　**验证假设**　　交付

验证假设是通过严谨的科学方法验证之前提出的假设是否正确。在新麦肯锡五步法中，提出假设和验证假设之间是反复并逐渐深入的循环。

验证假设需要收集大量信息。为信息收集而做的验证假设调研工作分为两种：案头调研和实地调研（见图4-9）。

案头调研一般关注客户已有书面资料、互联网公共信息、专业期刊、各种行业报告和内部资料库等，调研者通过消化和提升，总结出核心观点支持或否定之前提出的旧假设。然而，不管案头调研如何详尽，调研者最终还要通过实地调研进行认真核实。

实地调研是指在实验室或图书馆之外的地方实地收集一手客观数据，用严谨的逻辑验证旧假设的真伪，是结构化战略思维和实践奉行者必备的基本功。实地调研在战略项目中包括很多具体甚至琐碎的工

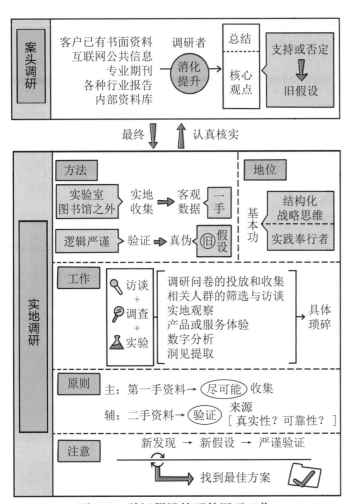

图4-9 验证假设的两种调研工作

作，有访谈、调查和实验等。

例如，调研问卷的投放和收集、各种相关人群（如消费者、竞争对手等）的筛选与访谈、实地观察和产品或服务体验等。后期的数字分析和洞见提取也至关重要。调研收集信息的原则通常是，以第一手资料为主，尽可能多地收集一手资料；以二手资料为辅，在使用二手资料时要尽量验证资料来源的真实性和可靠性。而且，如果在实地调研收集数据时有新发现而生成新的假设，那么我们就要注意再进行同样严谨的验证，如此循环，直到最终寻找到问题解决的最佳方案。

实地调研的技巧

成功做好实地调研也是咨询行业的基本功，需要调研者具有全面的能力，如商业敏感度、表达沟通能力、自驱力、情商（如同理心）和数字分析技能等。

访谈的小技巧

在分析和解决问题的过程中，尤其在验证假设的实地调研中，访谈是信息收集和洞见生成的重要环节，也是思辨者快速学习、快速认知的关键举措。在很多时候，之前介绍的"切"问题而产出的"逻辑树"是为了给访谈者提供清晰脉络和明确引导，将访谈的效果最大化。

然而，"切"出正确的"逻辑树"并不能保证访谈的速度和质量。在实地调研的访谈中，思辨者要运用各种咨询类技巧和艺术才能真正达到事半功倍的效果。这里列举几个重要的访谈原则和技巧（见图4-10）。

第一，要对被访者有足够的尊重。尊重表现在通晓换位思考，懂得聆听和提炼等方面。访谈是个互动性很强的过程。在访谈中，有经验的访谈者会试图理解对方的立场和对这次访谈的看法，时时观察对方的

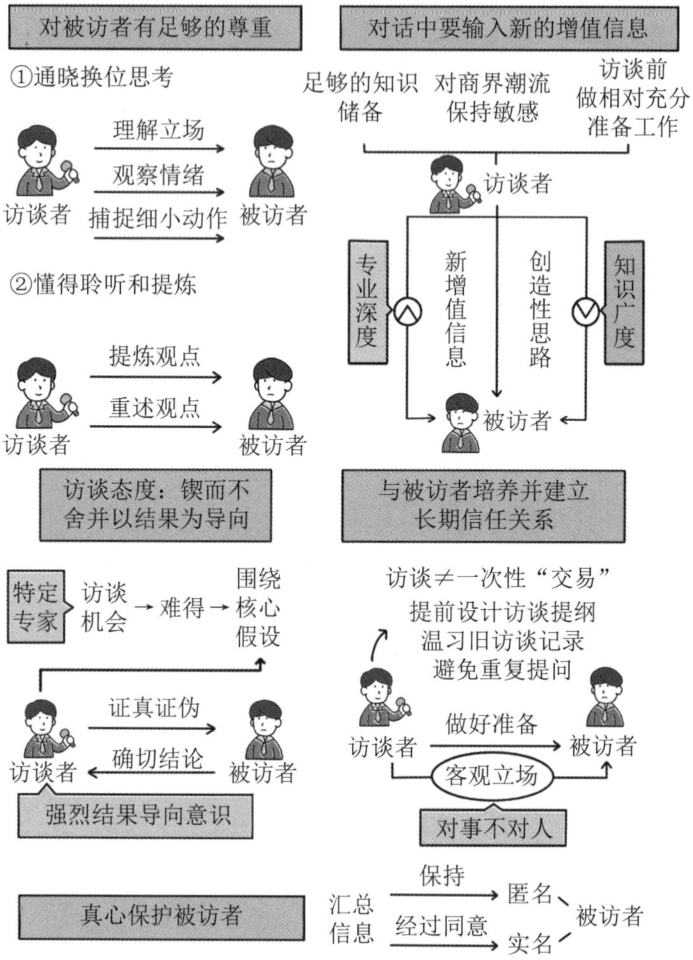

对被访者有足够的尊重

① 通晓换位思考

访谈者 —理解立场→ 观察情绪 捕捉细小动作→ 被访者

② 懂得聆听和提炼

访谈者 —提炼观点→ 重述观点→ 被访者

访谈态度：锲而不舍并以结果为导向

特定专家 访谈机会 →难得→ 围绕核心假设

访谈者 —证真证伪→ 确切结论→ 被访者

强烈结果导向意识

真心保护被访者

对话中要输入新的增值信息

足够的知识储备　对商界潮流保持敏感　访谈前做相对充分准备工作

访谈者

专业深度　新增值信息　创造性思路　知识广度

被访者

与被访者培养并建立长期信任关系

访谈≠一次性"交易"
提前设计访谈提纲
温习旧访谈记录
避免重复提问

访谈者 —做好准备→ 被访者
客观立场

对事不对人

汇总信息 —保持→ 匿名 ↘被访者
—经过同意→ 实名 ↗

图4-10　访谈原则和技巧

情绪波动。如果能及时捕捉并妥善处理一些细小的动作，如眼神中一闪即逝的犹豫或语调里一点点的不耐烦，那么整个讨论气氛就会变得融洽，访谈也会进展顺利。相反，如果把访谈变得生硬而机械，访谈者冷冰冰地问完既定的问题而全然不觉对方有抵触情绪，那么这样的访谈基本是浪费时间，甚至还会影响未来工作的顺利进行。

聆听后的提炼也是关键。在不同的语境里，同样的陈述会有不同的解读。在对话中，访谈者要时常用自己的理解提炼对方的观点，重述给对方听，比如"您的意思是不是……"或"换句话说……"，这些表达不仅能确保信息完整并被理解到位，也是访谈者在向对方表明自己在积极地倾听和试图理解。

第二，对话中要输入新的增值信息。这要求访谈者具有足够的知识储备，并对商界发生的潮流保持敏感，最好事先对被访谈企业和其主要竞品的具体信息做相对充分的准备工作。被访者对本行业很熟悉，不过对其他行业尤其是高速变化中的新兴行业，如社交电商等，很可能没有最新的知识储备。访谈者虽然专业深度不及被访者，但是在知识面的广度上有得天独厚的优势，如果可以适时地输入新的增值信息或创造性的思路，被访者会感到谈话不是单方向的信息榨取，而是真正有营养的双向交流和头脑风暴。

第三，访谈者要有锲而不舍并以结果为导向的访谈态度。在既彼此尊重又能提供增值信息的基础上，访谈者还要有非常强烈的结果导向意识，不达目的誓不罢休。新麦肯锡五步法在第三步提出假设中，会产出待验证的假设清单，这是访谈中需要调研的重点。有时，访谈特定专家的机会不仅很难得（如通过第三方服务公司邀请），而且很可能仅此一次。在整个访谈中，访谈者要围绕核心假设，与被访者交流，努力将其证真或证伪。访谈者在访谈中要力争得出确切的结论；没有确切结论的访谈意味着在浪费时间和资源，也必定是个失败的访谈，需要后期复盘反省。

第四，访谈永远不是一次性的"交易"，访谈者与被访者要培养并建立长期信任关系。 首先，双方在访谈前要充分准备，在访谈中要努力避免浪费对方的时间。在项目中，经常会发生多次访谈同一专家或高管的情况，访谈者要尽可能做好各项准备，比如提前设计访谈提纲和重新温习旧访谈记录以避免重复提问等。其次，访谈者应在讨论中始终保持"对事不对人"的客观立场，让被访者不会有被评估或追责的误解。

第五，访谈者要真心保护被访者，对被访者和正在解决的问题之间的微妙关系具有足够高的敏感度。 在大多数情况下，汇总信息时要保持匿名，如果要实名引用被访者的陈述必须经过被访者的同意。脱离上下文的一次实名引述很可能会给被访者带来不必要的麻烦甚至伤害。

当深谙访谈的艺术并与被访者建立了足够的信任，问题也深"挖"了几轮之后，神奇的事情就会发生：我们甚至可以把原本要解决的问题原封不动地抛向被访的高管或专家，客气地征求他的个人观点。

比如在前文提到的"如何提高净利润"的案例中，净利润问题原本是公司总经理在咨询我们团队的问题。当我们团队已经与被访的总经理建立良好的信任关系，并把第三层的细节与他摸排了一遍之后，完全可以非常自然地把这个问题原封不动地抛回："X总，您看我们已经把这个问题从不同维度梳理了几遍，很多企业运营细节问题都已经浮出水面，您觉得在诸多可能的因素中（第三层细节），哪些因素在短期内能对公司净利润的提升起到最大的贡献呢？哪些因素可能长线功效更大？"如果访谈做得成功，将收获被访者真正的个人观点。这时不妨再追问一句"为什么"，就会有更多意想不到的收获。

得到总经理的反馈后，访谈者绝不能就此止步不前；相反，系统的访谈才刚刚开始。初步访谈个别高管后，我们会根据访谈结果拟订系统化的批量调研方案。在资源允许的情况下，相似的访谈和调研应该与内部高管、中层、一线员工、外部客户、上下游的合作伙伴甚至竞争对手的前高管进行，直到还原企业运作的真实状况，为解决问题提供坚实的基础。在这个过程中，有些以前提出的假设会得到验证，新提出的假设也会随着调研的深入浮出水面。由此可以看出，如果访谈者深谙访谈的艺术，以"切"为起点的体系化访谈会是彼此双赢的过程。

访谈者通过访谈快速收获了与问题相关的业务知识和洞见，并与被访者建立了初步信任关系。在这里，访谈者提供了讨论的框架，带入新的信息和跨界干货，引导并激发双向的交流，逐渐深化讨论，锲而不舍地"挖"到第三层或更深的细节。这些无疑都为解决问题打下了坚实的基础。

被访者也有不少收获。公司高管平时囿于业务的琐碎细节，往往在一定程度上忽略了公司整体的大局观。访谈者提供的"切"的结构会帮助其厘清脉络，体系化地从全局视角重新审视自己的业务。资深的访谈者还能带来丰富的商业理论和跨界的新鲜

理念，被访者也会增长见识并可能激发出新的商业灵感。

示例：通过高效访谈验证假设

再用"医院十大科技潮流"的案例来演示实地调研访谈中的一些基本功和技巧。

案例的背景不再赘述，访谈者手里拿着包含初步假设的访谈提纲来到北京一家三甲医院访谈X医生。开场不到5分钟，就已经开始讨论"问诊"节点上具体的科技潮流了，访谈者在验证"远程医疗"这个假设。

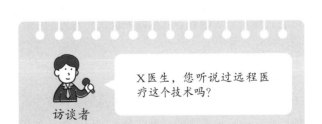

访谈者

X医生，您听说过远程医疗这个技术吗？

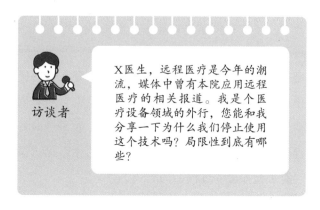

题激发被访者参与。

这时访谈似乎进入了一个死胡同。没有经验的访谈者会就此结束这个关于"远程医疗"假设的验证，开始下一个关于假设的提问。访谈提纲中的假设都是经过严格筛选的，而"不用"这个简短的回答很可能只代表目前的状态，也隐约体现出对方的一丝抵触情绪。

不要把"不"当成"不"。经验丰富的访谈者会礼貌而迂回地给出更多的背景信息，并用开放式的问

这段对话先告知对方我们有备而来，对行业和医院做过基础调研；然后充满敬意地把被访者放在"知识权威"的宝座上，降低身段准备好聆听专家高见，而且这种开放式的问题给了被访者足够的空间表达见解。

不出所料，X医生的话匣子一下子就打开了。他开始吐槽远程医疗的各种毛病：图像传输慢、视频卡顿、数据格式不符合本院标准、流程不通畅、远程协作培训不到位等。

访谈者：谢谢您的分享。我现在终于理解远程医疗在三甲医院不适合的原因了。那么，您听说过其他医院还在使用这种技术和设备吗？

X 医生：有个同学在二线城市的小医院，最近还在朋友圈晒远程医疗。

这时，访谈者要了那位医生的联系方式，此次访谈结束后就约时间安排下一次信息收集了。

访谈结束前，我们要通过开放性问题寻求新的假设，比如询问"类似远程医疗的科技还有哪些"。确认新的假设之后，访谈者将之加入访谈提纲，再次启动第三步验证假设，通过更多的实地调研验证这个论点。

就这样，在访谈者锲而不舍、刨根问底的努力下，更多关于远程医疗的实际情况浮出水面，对这个科技趋势假设的判断也会随着实地调研的深入而更加清晰，直至证实或证伪这个假设。

综上所述，提出假设和验证假设是一个逐渐深入的反复循环过程，也是新麦肯锡五步法的主干。在这个过程中，研究结果在提出假设和验证假设循环中高速迭代，团队力求在最短的时间内找到问题的真正解决方案。整个提出假设和验证假设的反复循环会占用战略项目 8 ～ 10 周的完成周期中的大部分时间。

实地调研是验证假设过程中常用而有效的方法。实地调研，尤其是访谈，要求调研者拥有较强的咨询类综合素质和锲而不舍的自驱力。除了介绍的这些指导原则，之前介绍的原则和工具在提出假设到验证假设的过程中都可以被活学活用，它们将有助于我们以客观数字为依据，用严谨的逻辑推演出商业洞见及解决方案。

4.5 终于见面了——交付

· 以成果展示为核心的交付是项目的高潮
· 战略思维与专业技能不仅不冲突，而且相辅相成

在整个战略咨询项目里，最后一周以成果展示为核心的交付无疑是项目的高潮。团队经历了新麦肯锡五步法的前四步，尤其是经历了N轮从提出假设到验证假设的循环，完成了数据收集和洞见提炼，对问题的解决方案已经胸有成竹。此时的交付就需要项目团队完整、高效地把所有成果展示出来。

新麦肯锡五步法

定义问题	结构化分析	提出假设	验证假设	**交付**

在交付中，麦肯锡团队会为最后的展示做超乎想象的精心准备，确保"大结局"的圆满。每次完美交付无一不是团队奋战的结果，将严谨态度和专业性发挥到极致。项目负责人和团队成员一遍又一遍地仔细审视即将交付的成果。首先，项目本身的问题定义要明确、故事线要清晰、论述逻辑要严谨、每个支持的数据点要经得起推敲。其次，要严肃对待沟通方式并制订沟通计划。在正式的交付会议前，项目负责人要与核心决策人员沟通解决方案的大致方向，并得到相应反馈；要预测沟通过程中决策人

员可能的态度，对可能受到的挑战和阻力作相应的准备，并制订应急备用计划。最后，交付的形式和流程要完美（见图4-11）。

项目负责人要精心安排汇报展示的PPT及其他辅助材料，并安排多次排练确保汇报万无一失。交付会议是战略项目的最后一个关键战役，一般是半天甚至一天的闭门会议。项目主要决策者和各相关方都被邀请到一起，共同讨论战略咨询团队提出的解决方案。通常，项目团队提出的相关解决方案会触及公司的常规管理或既有利益，所提出的变革会冲击相关方，有人甚至会为此失去工作。因此，参会者都有备而来，而且个个神情严肃，时刻准备迎战。

大家不妨设想一下此时咨询团队面对的情形：像被扔进装满了鲨鱼的大鱼缸里的游泳者，稍有犹豫、挣扎让鲨鱼闻到胆怯或血腥，后果将不堪设想。

人类社会从工业化、信息化，发展到人工智能盛行的今天，职场上人们的相互协作已经达到空前规模。

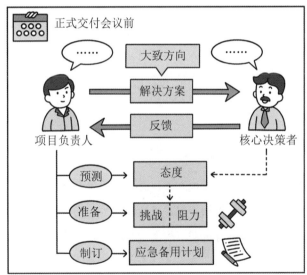

图4-11　交付前的准备工作

现在生态经济盛行，团队以及上下游关联全关重要，单凭个体的一己之力而成就大事已不再可能。在这种大环境下，把一个想得很清楚的想法（如商业计划）说明白，让更多的人，如投资人、客户和队友，彻头彻尾地领会、认同并能不走样地落地实施，是成功的关键。

团队必须严阵以待、全力以赴，从来没有所谓的"过度的准备"。这种准备不仅包括将新麦肯锡五步法中介绍的各步骤做到位，还包括交付中各种技巧和艺术的准备。

现实中不能"说明白"的根本原因大多还是表达者自己并没有"想清楚"。已经"想清楚"却因交流的纰漏而无法传播好想法以致前功尽弃是十分可惜的。本章着重讨论在"想清楚"之后，"说明白"的原则和技巧。高效沟通，有时也被戏称为"讲故事"的能力，是当代企业管理者应具备的核心能力之一。

"说明白"听起来很容易，但要做到高效地"说明白"绝非易事。沟通的复杂性在以下三个层面为高效沟通设置了障碍。

第一，沟通是双向甚至多向的。我们能清晰、简洁地单向发送信息只是沟通的第一步，还要倾听、反馈和引导互动，最终达成共识。第二，沟通是多层面的。内容包括信息、洞见甚至个性化的情绪和情感。沟通的高手往往拥有融入个人情感的鲜明风格，将沟通上升到艺术层面。第三，沟通也是多形式的。仅商务沟通就可以有好几种呈现形式，如口头陈述、文档备忘录、开会常用的PPT和白板演示等。要根据实际情况而选择适当的沟通形式也需要实战磨炼（见图4-12）。

我们将聚焦商务场景下的沟通，介绍高效商务沟通的部分原则和实用方法。

商务交流有口头陈述、文档备忘录、PPT 和白板演示等多种方式，交流是否高效则取决于我们是否根

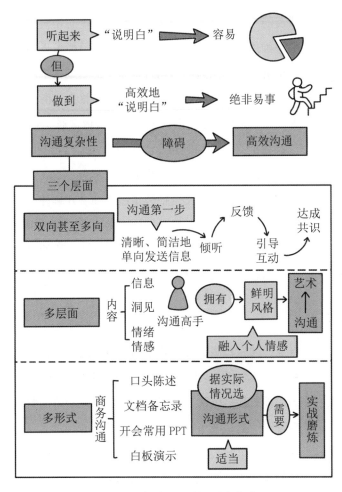

图4-12　高效沟通的三层障碍

据时间、听众、目的等内外部因素而做出了周全沟通实施计划和自身是否拥有超强的沟通能力。PPT 是目前公认的主流商务沟通形式，不过我们也不要轻视口头陈述和白板演示的重要性。

高效沟通是新麦肯锡五步法最后一步交付的重点，是建立在前四步基础上的成果展示。要做到超越呈现形式而知行合一则要求沟通者完成前四步，对问题和解决方案有深入的结构化分析并充分提炼商业洞见。

高效商务沟通——3S 原则

如图 4-13 所示，高效的商务沟通需要具备内在 3S 要素，即战略（Strategy）、结构（Structure）和风格（Style）。战略意图与结构化战略思维四大原则之"洞见优于表象"相关，在陈述时，以洞见先行抓住注意力。结构通过 MECE 原则切分各种树状架构体现，高效沟通中适用故事线和金字塔等原则。风格是艺术多于技术，在商务沟通中首选简洁正式、具有视觉冲击力的风格。

严谨缜密的战略： 重要的商务沟通需要宏观战略和具体战术部署。在沟通的内容和频率上，要保持平衡的"度"："过度沟通"和"不充足沟通"同样会造成负面效果。而且，要认清内部沟通和对外沟通是两种截然不同的沟通方式，应予以严格区分：在对外沟通的授权人员、内容和方式等方面都要有明确的界定。比如，团队内部要明确对外沟通的规则，明确单一的对外信息出口以确保信息一致，杜绝项目内部敏感信息（如提出假设过程中生成的未被验证的假设清单）外泄。对外信息沟通一般遵循"有效至简"的原则，即给相关方提供恰好足够的信息，冗余而无关的信息不利于听众聚焦，也容易使数据出错。

商务沟通在战术上有很多技巧，并非本书阐述的重点。

紧凑的结构： 高效沟通必须有结构。拥有结构化战略思维能力后，我们对要解决的问题已经可以系统化地拆分，为沟通的结构打下坚实的基础。下面将要介绍的金字塔原则、故事线和 SCP 框架等商务沟通的工具，都可以帮助大家更有结构地沟通。比如，故事线把商业计划等商业沟通分成五大因素，每个元素都是高效沟通必不可少的组成部分，是高效商务沟通的基础。后文会把故事线详细展开解释。这些框架并不意味着鼓励机械地照搬照抄，毕竟沟通有个性化的艺术成分。只有在拥有紧凑结构的基础上，沟通者再发挥个人风格，才能做到近乎完美的沟通。

专业的风格： 沟通的方式不同，专业的风格也各有特色。比如 PPT，咨询公司非常强调 PPT 风格的统一。顶级战略咨询公司基本都有各自的专用色系：麦肯锡的蓝、波士顿咨询的绿和贝恩的红。色系会在所有 PPT 和其他展示媒介上反复强化，给观众强烈的视觉统一性，强化品牌的识别度（见图 4-13）。除了颜色，咨询公司还强调视觉上的简洁。"少即是多",专业沟通是以"干货"和"洞见"服人,而不是靠酷炫的视觉设计,因此,任何分散观众注意力的浮夸修饰都被禁用。在 PPT 展示上,杜绝各种展示层面的雕虫小技,比如大小不一的字号、花哨的颜色,以及飞进飞出的动画特效等。其他沟通方式也需要有专业的风格。比如商务沟通的口头陈述要求有别于日常聊天,语气、情绪甚至用词都有讲究,要符合咨询师的专业身份。

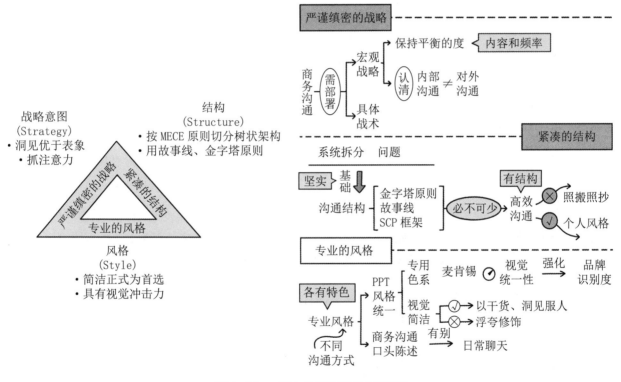

图4-13　高效商务沟通的3S原则

用好 5W2H，拥有故事线

"故事线"就是将故事的核心要素用最常用的顺序串联起来。商业计划书类文档都要遵守故事线原则。一般来讲，故事线是 5W2H 分析法（又叫七问分析法）的简化版（见图 4-14）。

5W2H 包括为什么（Why）、用什么（What）、何人做（Who）、何时（When）、何地（Where）、如何做（How）、多少钱（How much）。其实，何时（When）、何地（Where）都可以包括在如何做（How）中，所以在这里，我把 5W2H 简化成 3W2H 。

这 5 个元素的内涵相对容易理解。假设我们要做一个线上少儿英语学习平台，需要通过融资扩大影响力。如何用故事线的 5 个元素制定商业计划书吸引投资者呢？

为什么（Why）：为什么要做这样一个线上少儿英语学习平台，有什么样的市场需求没有被满足？因为少儿英语学习是刚需，而线下课堂虽然互动性强，但是面临教师资源不平衡（如缺乏优质外教）、时间和场地不灵活、卫生消防风险等困境。

用什么（What）：用什么样的产品来满足这个需求？计划用纯线上解决方案作为线下英语教学的补充，自主研发的教务、小班课直播和互动课件体系，采用欧美外教和本地化的经典原版教材进行授课，突出好老师、好教材和好服务。

怎么做（How）：如何做这个线上产品，商业模式是什么？采用外教直播"一对多"小班课模式，盈利能力强。用免费、高质量的内容引流，降低获客成本。强大的信息储备、一流的教研能力和服务经验确保业界领先的实施落地。

何人做（Who）：凭什么由你来做的这个产品会优于其他已存在的竞品或潜在的进入者？竞争优势是什么？团队强，有多年的线上教学知识经验储备。核心战略投资方协力强，如线下导流等。

多少钱（How much）： 公司需要多少钱，投资回报率（ROI）是多少？过往和预测的财务模型都说明该业务具有超强的盈利能力。提供财务模型，并聚焦成本结构及其基本假设（见图4-14）。

很重要！SCP 叙述框架

故事线 5 个元素中的"为什么"（Why）具有特殊重要的意义，需要格外关注。虽然故事线的核心要素可以在顺序上进行调整，但是故事线最好总始于"为什么"。

成功的商业计划书开篇有个模式：第一页的隐标题永远是"这是个多元的世界"。"多元的世界"其实就是用来直接回答"为什么"这个问题的。在更深层次上，这说明我们的产品和服务的思路是从"刚需"开始的，要解决消费者未被满足的刚需。反过来，如果这不是个"多元的世界"，世界已经完美，即所有需求都被完美地满足了，那么我们要投入的新产品和新服务就完全没有产生的必要！

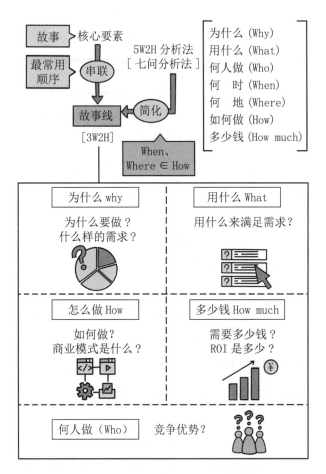

图4-14　用好5W2H，拥有故事线

"需求导向"与"产品本位"的产品观不同。如果新产品介绍开篇就讲产品如何优秀而一定能大卖，那么这种叙事就折射了"产品本位"的危险思路。创业者往往信心爆棚，把优秀产品会大卖作为不争的事实看待。他们往往不重视需求，惯性地把平台导流和生态协力当成营销获客的万能钥匙。此类创业者从开始就忽略了市场刚需，往往在战略方向上埋下了偏误的种子，大多不能长久。

要讲明白"为什么"并描述清楚这个"糟糕的世界"也不是件容易的事情。

介绍一个讲行业故事的 SCP 叙述框架。SCP 是"规则 / 结构"（Structure）、"行为"（Conduct）和"业绩"（Performance）的首字母组合，被用来描述行业现状的叙述框架（见图 4-15）。

规则 / 结构：聚焦一个特定行业 / 赛道，简洁地描述这个行业的整体商业模式。前文中讨论过的行业吸引力波特五力模型在这里可以用来描述赛道。然

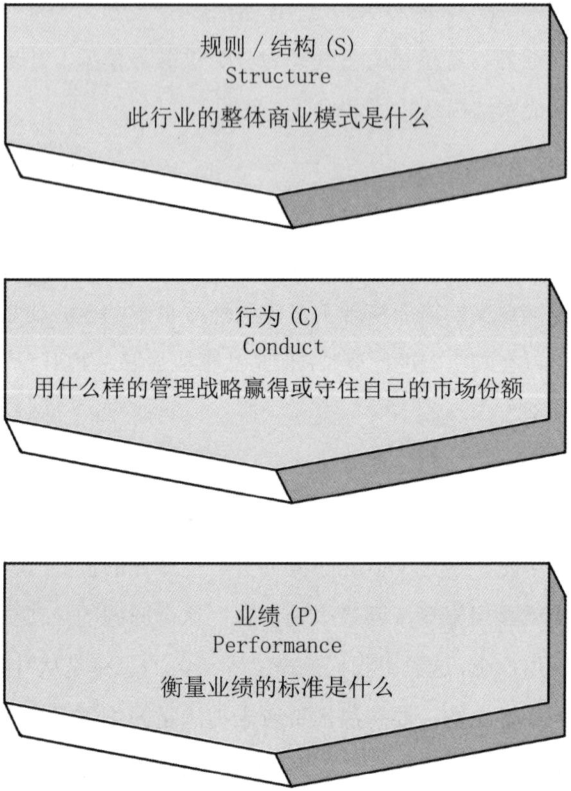

规则 / 结构 (S)
Structure
此行业的整体商业模式是什么

行为 (C)
Conduct
用什么样的管理战略赢得或守住自己的市场份额

业绩 (P)
Performance
衡量业绩的标准是什么

图4-15　SCP 叙述框架

后分析一下大多数企业的基本商业模式，比如轻资产 / 重资产、信息技术科技含量、品牌重要性、专业运营要求以及现金流要求等。

行为：由于有了主流商业模式，各个头部或特色企业利用什么样的管理战略赢得或守住自己的市场份额？例如，科技壁垒、IP 品牌影响力、运营经验和成本优势、规模化生产和生态战术等。

业绩：由于这样的结构和相应的市场行为，行业中主要玩家的财务和非财务的业绩如何？财务业绩比较好理解，就是盈利情况和预计增幅等。非财务业绩包括流量、用户活跃度、品牌影响力等不能直接用金额匡算的价值。

SCP 叙述框架用鲜明的线性叙述环环相扣地描述了某个商业赛道的状况，那么，如何在现状基础上引入"糟糕的世界"中"未被满足的刚需"呢？解法就是在 SCP 叙述框架中加入"冲击"（Impact），以此讲述"为什么"。

冲击是指重大的变化，可来自不同的源头，它们在本质上影响甚至颠覆了原有的平衡。新的消费者 / 需求出现，或已有消费者的消费习惯和品位发生变化是主流的冲击。比如 2010 年以后，国内消费能力的崛起和消费水平升级，直接促使人们对咖啡的接受度提升，从而冲击了传统饮品的原有业态。宏观经济环境的变化、政府政策的改变甚至大规模的突发事件也可以对行业产生巨大冲击。比如在政策层面，政府大力度扶持芯片等战略行业，给予大力度资本倾斜和税收等优惠政策，直接影响产业结构的冲击（见图 4-16）。

更透彻：SCP+I 叙述框架

SCP+I 的故事叙述顺序如下：首先，把 SCP 按结构顺序讲明白，先讲行业特色和商业模式；其次，讲主要的企业玩家是如何各显神通地在这个行业打拼；最后，谈一下各企业的成绩和企业表现如何。SCP 讲完，新的冲击隆重登场。由于这个冲击的存在，相关的供需平衡被打破：已有的产品无法满足冲击下的需求。新产品是为新需求而生的，

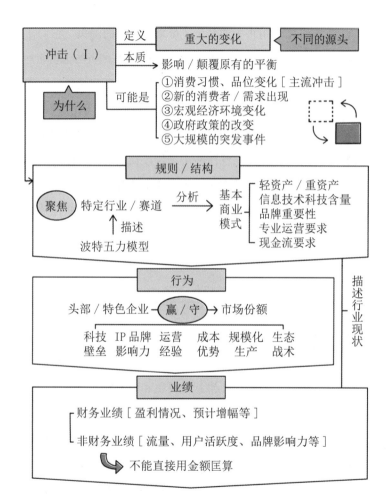

图4-16　讲行业故事的SCP叙述框架

来满足那个未被完美满足的刚需。

接下来，我将用具体的案例来演示 SCP+I 叙述框架的用法（见图 4-17）。大家参加过音乐节吗？例如知名的"迷笛音乐节""草莓音乐节"和很多企业冠名的音乐节，它们大多是聚焦一个音乐类型，在户外举办的大型音乐活动。那么，音乐节这个行业赚钱吗？有什么新机会呢？在这里，我用音乐文化节这个品类[①]来演示 SCP+I 叙述框架的用法。

假设要设计一个全新的音乐节，商业计划书必须先回答故事线的第一个问题，即"为什么"市场需要新的音乐节。项目的叙述可以这样开始，如图 4-17 所示。

总结句： 音乐节是个相对艰难的赛道，

---

 ① 只是示例，有待深度调研。

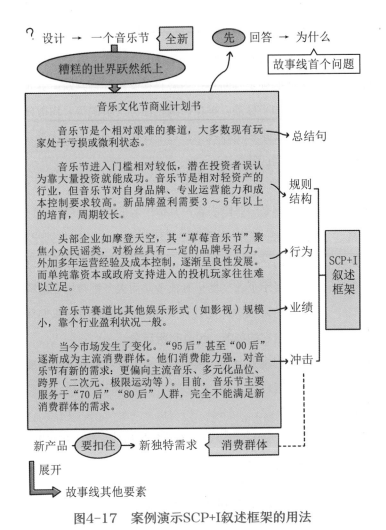

图4-17　案例演示SCP+I叙述框架的用法

大多数现有玩家处于亏损或微利状态。

规则／结构：音乐节进入门槛相对较低，潜在投资者误认为靠大量投资就能成功。音乐节是相对轻资产的行业，但音乐节对自身品牌、专业运营能力和成本控制要求较高。新品牌盈利需要3～5年以上的培育，周期较长。

行为：头部企业如摩登天空，其"草莓音乐节"聚焦小众民谣类，对粉丝具有一定的品牌号召力。外加多年运营经验及成本控制，逐渐呈良性发展。而单纯靠资本或政府支持进入的投机玩家往往难以立足。

业绩：音乐节赛道比其他娱乐形式（如影视）规模小，整个行业盈利状况一般。

冲击：当今市场发生了变化。"95后"甚至"00后"逐渐成为主流消费群体。他们消费能力强，对音乐节有新的需求：更偏向主流音乐、多元化品位、跨界（动漫、极限运动等）。目前，音乐节主要服务于"70后""80后"人群，完全不能满足新消费群体的需求。

经过对SCP+I叙述框架的描述，"糟糕的世界"跃然纸上！新的音乐节产品一定要扣住在"冲击"中提及的消费群体新的独特需求，应用故事线其他要素展开解释。用什么音乐节产品来迎战这个需求的变化？产品是如何满足这个需求的？为什么我们能做而别人不能做？最后才谈做这些产品需要多少资金以及投资回报率之类的内容。

故事线加SCP+I叙述框架是讲好故事的基本法则。故事线的5个因素是完整商业计划书必备的，SCP+I叙述框架可以帮助我们把第一个因素"为什么"讲得更透彻。根据不同听众，要灵活应用，有些部分（如财务预测）可以根据实际情况酌情控制沟通繁简程度。

做好一个专业的PPT

专业精神体现在细节上。对PPT的基本要求包括总标题必须是判断句；内容直接支持标题判断；各元素（如小标签、单位、颜色注释、页码等）均衡分布；色系和字号统一；数字注明出处；图谱元素有序排列；等等。

图4-18是一张隐去客户具体内容的普通PPT文档[1]，我们来一起探究麦肯锡呈现的合格标准。此页PPT呈现的是市场调研结果，并不是多维关键图谱。这样的展示页在文档里有很多，而大多都被埋在材料厚厚的附录中。即使这样的一张普通PPT，我们仔细观察它的细节，也会有所启发。

让我们自上而下、从中心到周围依次看看其中的展示元素。

标题： 在PPT每页最上面一行加粗的大字。每页PPT必须有标题，而且一定是有判断的句子，而不能是

---

 ① 来自麦肯锡内部培训材料。

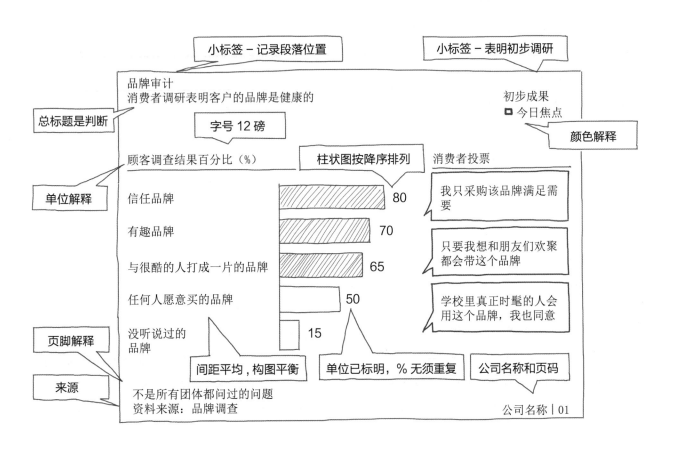

图4-18　普通PPT文档示例

无判断的名词词组。标题给读者提供了本页展示的中心观点。如果标题是一个无判断的缺少观点的名词（如"市场调研结果"），读者就要被迫仔细看整篇内容从中自己提炼观点。这会大大提高沟通成本，并造成不必要的不确定性甚至引发读者的不满。例子里这个标题就是个判断句，明确告诉读者"消费者调研表明客户的品牌是健康的"。

图表：图表是数字流程等在PPT中的视觉化，本页PPT的中心是一个柱状图。因为图表具有较强的视觉冲击效果和相对容易理解的优势，麦肯锡提倡用视觉化的图谱替代纯文本的数字。这个柱状图总结了调研的结果，并直接支持标题的核心论点。在制作PPT文档时，杜绝单纯地粘贴已有的图表，要依据"至简原则"对图表进行修改，任何与主题"品牌健康"不相关的数据点都没有包含在图谱中。为了让读者方便阅读，图表要做最基础的视觉增强，比如本页PPT中柱状图是按降序排列的。

颜色和字号：颜色是指PPT上的色系，字号是主页上核心文字的大小。麦肯锡的PPT以蓝色冷色系为主，只有在特殊情况下才采取标红等方式突出要点。咨询师需要用不同的蓝色来表示强调或区分不同内容。其他战略咨询公司也有自己的主题颜色，同样有体系化地彰显公司品牌特色。与颜色相似，字号也要统一。除了大小标题和注释，正文一般都用一样的字号。对字号的要求并不像颜色那样严格，另外，字号也会显示地域特色：比如德国办公室出品的PPT多用10磅或12磅的小字，密密麻麻地记录细节；而在美国和中国等地，最常见的字是14磅的。

小标题、出处和页码：上述示例中有很多细节的辅助标注，比如图表单位解释、初步成果的解释、段落位置的标记、出处和页码等。小标题提供了附加的辅助信息，便于阅读。咨询中十分重视数字的出处，要求任何数字和引用都必须标明来源。如果是根据自己的调研得出的结果，要标明出处是"团队调研"。页码也很重要，不管是什么样的文档，都必须标注页码，否则在与客户讲述具体内容的时候，尤其是通过电话会议沟通时，会给沟通带来不必要的麻烦。

其他视觉细节：咨询公司都十分重视展现的细节。文字和图形之间一定要距离平均并对齐，参差不齐会显得极为草率和不专业。文字左对齐是最常见的；英文段落一般不需要两端对齐，以避免单词之间的间隔过大。如果有多个图或表，那么排列时要把最重要的自左向右或从上而下排列，这样符合大部分人的阅读顺序。还有更多更细节的要求，在这里只做简单列举，比如每页PPT的标题尽量不要超过一行，否则会在视觉上产生负面影响。汉语表达精练，在这方面就略占便宜，但英语使用者就没那么幸运了，比如"管理"一词的中文只有两个字符，而"管理"的英文management就是10个字母，占去更多的空间，这也就意味着用英文写PPT的题目需要精减文字。

通过对一页普通PPT的展示分解，大家已经感受到麦肯锡在呈现上对细节管理的重视。风格没有对错，也没有最佳和唯一，在PPT逐渐被弱化的今天，多媒体甚至沉浸式的展示蔚然成风。不过，不管什么样的沟通呈现方式和个性化风格，战略咨询公司所遵循的至简等原则，以及本章提到的金字塔原则、故事线、SCP叙述框架和点线大纲等工具，仍然对职场人提升自身沟通能力具有极高的借鉴意义。

综上所述，新麦肯锡五步法从项目管理的角度，端到端地串起战略项目解决方案从开始定义问题到最后交付的5个关键步骤。

最后，我们要特别说明一下新麦肯锡五步法在应用场景上存在的局限。如前所述，新麦肯锡五步法不仅是一种高效的项目运作方法，也是解决问题普遍适用的方法论之一。新麦肯锡五步法绝非唯一的方法，在某些特定场景下，它甚至不是最有效的方法。新麦肯锡五步法擅长解决没有过往先例的至难的战略性问题，能让团队充满信心地快速认知和学习，大胆假设并仔细验证后快速生成最佳解决方案。然而，新麦肯锡五步法是认知方法论，它只能加速知识技能的学习，却并不等同于具体的知识技能。当面对常见的重复性的专业问题时，更好的选择是咨询已经拥有扎实知识储备的专家。专家们厚积薄发地体系化学习某一细分领域，并经过多年实践的磨炼，会用行业最佳解决方案来快速解决具体问题。

战略思维与专业技能不仅不冲突，而且相辅相成。如果专家们能够在自己扎实的知识储备的基础上，接受并纯熟地应用新麦肯锡五步法这样自上而下的战略思维方式，那么他们就会成为既了解科技的潜能又有战略高度的在职场上最受欢迎的复合型人才。

本 章 知 识 点

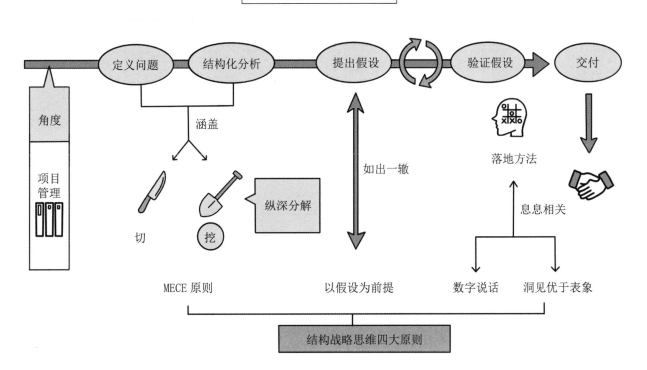

新麦肯锡五步法

定义问题 → 结构化分析 → 提出假设 → 验证假设 → 交付

角度

项目
管理

涵盖

纵深分解

切

挖

如出一辙

落地方法

息息相关

MECE 原则

以假设为前提

数字说话　　洞见优于表象

结构战略思维四大原则